Elemente der Mathematik

EdM

Sachsen-Anhalt

Einführungsphase

Lösungen

Herausgegeben von
Heinz Griesel, Andreas Gundlach, Matthias Lösche,
Helmut Postel, Friedrich Suhr

Schroedel
westermann

Elemente der Mathematik

EdM

LÖSUNGEN
Sachsen-Anhalt 10
Einführungsphase

Herausgegeben von
Prof. Dr. Heinz Griesel, Dr. Andreas Gundlach, Matthias Lösche,
Prof. Helmut Postel, Friedrich Suhr

Bearbeitet von
Karin Benecke, Martin Brüning, Gabriele Dybowski, Dr. Andreas Gundlach, Dr. Arnold Hermans †,
Jakob Langenohl, Matthias Lösche, Hanns Jürgen Morath, Heinz Klaus Strick, Friedrich Suhr

Für Sachsen-Anhalt bearbeitet von
Erika Beier, Annika Kiwatt, Matthias Lösche, Friedrich Suhr

westermann GRUPPE

Druck A^3 / Jahr 2018
Alle Drucke der Serie A sind im Unterricht parallel verwendbar.

Redaktion: Michael Boßmeyer
Umschlagfoto: Thinkstock, Sandyford / Dublin (Robert Kelsey)
Umschlagentwurf: LIO Design GmbH, Braunschweig
Zeichnungen: imprint, Zusmarshausen; Schlierf, Type & Design, Lachendorf
Druck und Bindung: westermann druck GmbH, Braunschweig

ISBN 978-3-507-**88577**-6

1 Funktionen

Noch fit ... im Umgang mit Potenzen und Logarithmen?

10 **1. a)** a^9 **b)** a^2 **c)** a^6 **d)** $9\,a^3$ **e)** a^2

2. a) $L = \{-5; 5\}$ **b)** $L = \{-2; 2\}$ **c)** $L = \{2\}$ **d)** $L = \{-2\}$ **e)** $L = \{0\}$

3. a) $x = 2$ **b)** $x = 5$ **c)** $x = 0$ **d)** $x = -1$ **e)** $x = -3$

4. a) $x = 2$ **b)** $x = 6$ **c)** $x = 1\,000$ **d)** $x = 10$

11 **5. a)** u^2 **c)** x^6 **e)** a^{-2n} **g)** $\sqrt[6]{a^{11}} = a^{\frac{11}{6}}$

b) b^{3c-2} **d)** v^{2w-2} **f)** y^{k^2-4} **h)** $b^{-\frac{7}{2}}$

6. a) $-3\,b^4$ **b)** 3^{n+1} **c)** 2^n **d)** 5^{k+3} **e)** 0 **f)** $e^k \cdot (e-3)$

12 **7. a)** richtig
falsch: $a^3 \cdot a^2 = a^5$
richtig
falsch: $b^r + b^s$ kann nicht vereinfacht werden; $(b^r)^s = b^{r\cdot s}$

b) falsch: $x^3 \cdot y^2$ kann nicht vereinfacht werden; $x^5 \cdot y^5 = (x \cdot y)^5$
richtig
falsch: $(a \cdot k)^5 = a^5 \cdot k^5$
falsch: $(2 \cdot a)^3 = 8 \cdot a^3$

c) falsch: $a^k + a^k = 2\,a^k$
richtig
falsch: $a \cdot a^7 = a^8$
richtig

d) richtig
richtig
richtig
falsch: $(-1)^{2k+1} = -1$

8. a) 9 **c)** 2 **e)** $\sqrt[4]{2} \approx 1{,}189$ **g)** 3

b) 2 **d)** 3 **f)** 2 **h)** 5

9. a) $5^{\frac{5}{6}}$ **c)** $5^{\frac{7}{6}}$ **e)** $x^{\frac{5}{6}}$ **g)** $y^{-\frac{3}{2}}$

b) $7^{\frac{8}{15}}$ **d)** $4^{\frac{1}{12}}$ **f)** $x^{-\frac{7}{4}}$ **h)** $e^{\frac{7}{10}}$

10. a) 2 **b)** $\sqrt{2}$ **c)** $\sqrt[3]{16} = 2 \cdot \sqrt[3]{2}$ **d)** $\sqrt{3}$ **e)** $\sqrt{2}$

11. Druckfehler in der 1. Auflage des Schülerbandes. Richtig ist:

$\sqrt[5]{a \cdot \sqrt[5]{a^3}} = \sqrt[5]{a \cdot a^{\frac{3}{5}}} = \sqrt[5]{a^{\frac{8}{5}}} = \left(a^{\frac{8}{5}}\right)^{\frac{1}{5}} = a^{\frac{8}{25}} = \sqrt[25]{a^8}$

12 **12. a)** $L = \{-\sqrt{6}; \sqrt{6}\}$ **c)** $L = \left\{-\sqrt[4]{\frac{3}{2}}; \sqrt[4]{\frac{3}{2}}\right\}$ **e)** $L = \{\sqrt[5]{4}\}$

b) $L = \{2\}$ **d)** $L = \left\{-\sqrt[6]{\frac{160}{3}}; \sqrt[6]{\frac{160}{3}}\right\}$ **f)** $L = \{7\}$

13. a) $23\,000\,€ \cdot 1{,}0225^5 = 25\,706{,}59\,€$
b) $17\,000\,€ \cdot x^5 = 20\,435{,}70\,€$; $x = 1{,}0375$; Zinssatz: 3,75 %

14. a) 2 **b)** 8 **c)** −3 **d)** −2 **e)** 3 **f)** −3 **g)** 2 **h)** −1

15. a) $x = 64$ **b)** $x = 16$ **c)** $x = \sqrt{3}$ **d)** $x = 16$ **e)** $x = 10^{10}$ **f)** $x = 0{,}00001$ **g)** $x = e^4$ **h)** $x = \frac{1}{e}$

16. a) $b = 5$ **b)** $b = 7$ **c)** $b = \frac{1}{9}$ **d)** $b = e$

17. a) $\log_2 30$ **b)** $\log_{10} 4$ **c)** $\log_3 625$

18. a) $\log_b\left(\frac{x \cdot z}{y}\right)$ **b)** $\log_b\left(\frac{y \cdot z}{x}\right)$ **c)** $\log_b(x^2 - y^2)$ **d)** $\log_b\left(x^{-\frac{5}{6}}\right)$

1.1 Potenzfunktionen

1.1.1 Potenzfunktionen mit natürlichen Exponenten

13 **Einstiegsaufgabe ohne Lösungen**

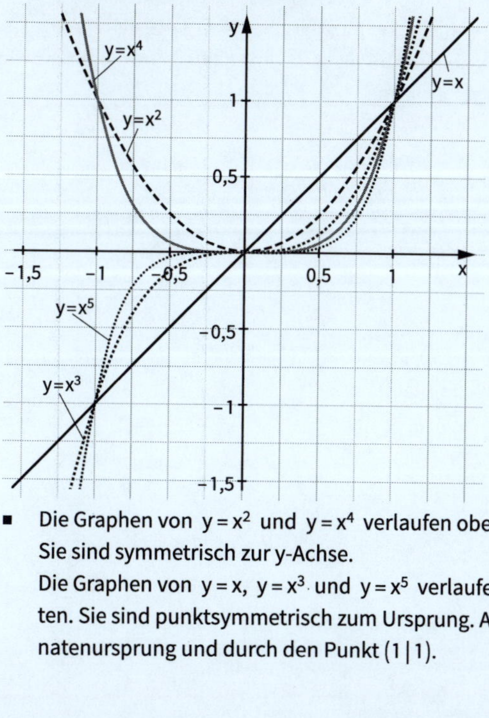

- Die Graphen von $y = x^2$ und $y = x^4$ verlaufen oberhalb der x-Achse für $x < 0$ und für $x > 0$. Sie sind symmetrisch zur y-Achse.
  Die Graphen von $y = x$, $y = x^3$ und $y = x^5$ verlaufen vom 3. Quadranten in den 1. Quadranten. Sie sind punktsymmetrisch zum Ursprung. Alle Graphen verlaufen durch den Koordinatenursprung und durch den Punkt (1 | 1).

13

- Ist der Exponent n gerade, so gilt:
  - der Graph von f ist achsensymmetrisch zur y-Achse.
  - der Graph verläuft durch die Punkte $(-1\,|\,1)$, $(0\,|\,0)$ und $(1\,|\,1)$.

  Ist der Exponent n ungerade, so gilt:
  - der Graph von f ist punktsymmetrisch zum Koordinatenursprung.
  - der Graph verläuft durch die Punkte $(-1\,|\,-1)$, $(0\,|\,0)$ und $(1\,|\,1)$.

15

1. a) $P_1(4\,|\,64)$, $P_2(3\,|\,27)$, $P_3(-3\,|\,27)$, $P_4(0{,}5\,|\,0{,}125)$, $P_5(-0{,}5\,|\,-0{,}125)$

b) $P_1(-3\,|\,81)$, $P_2(-2\,|\,16)$ oder $P_2(2\,|\,16)$, $P_3\left(-\frac{1}{5}\,\middle|\,\frac{1}{625}\right)$ oder $P_3\left(\frac{1}{5}\,\middle|\,\frac{1}{625}\right)$, $P_4(0\,|\,0)$, $P_5(-\sqrt[4]{8}\,|\,8)$ oder $P_5(\sqrt[4]{8}\,|\,8)$

16

2. a) Der rote und der schwarz Graph sind Graphen einer Potenzfunktion mit geraden Exponenten. Der Grad der Potenzfunktion, zu der der rote Graph gehört, ist höher.
Die beiden Graphen schneiden sich in den Punkten $(-1\,|\,1)$ und $(1\,|\,1)$.
Die Potenzfunktion, zu der der blaue Graph gehört, hat einen ungeraden Exponenten.
Auch dieser Graph verläuft durch den Punkt $(1\,|\,1)$.

b) Der Graph der Funktion mit $y = x^0 = 1$ ist eine Parallele zur x-Achse.
Damit weist er nicht die typischen Eigenschaften der Graphen der Potenzfunktionen (Monotonie, Verhalten für $x \to \infty$ und $x \to -\infty$) auf.

3. a) Der rote Graph ist der Graph zu $y = x^7$, der blaue zu $y = x^5$.
Beim höheren Exponenten verläuft der Graph für $x < -1$ und $x > 1$ steiler.

b) Der rote Graph ist der Graph zu $y = x^4$, der blaue zu $y = x^6$.
Beim höheren Exponenten verläuft der Graph für $x < -1$ und $x > 1$ steiler.

4. a) Das Strecken der Graphen von f parallel zur y-Achse mit dem Faktor 1,5 bedeutet, dass die y-Koordinate f(x) jedes Punktes mit dem Faktor 1,5 multipliziert wird, während die x-Koordinate beibehalten wird.

b)

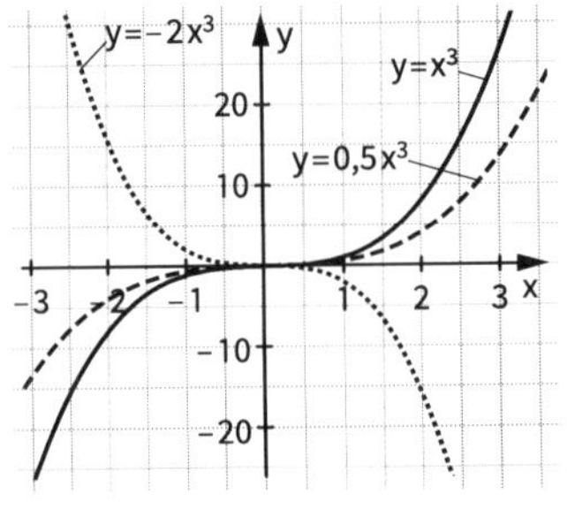

c)

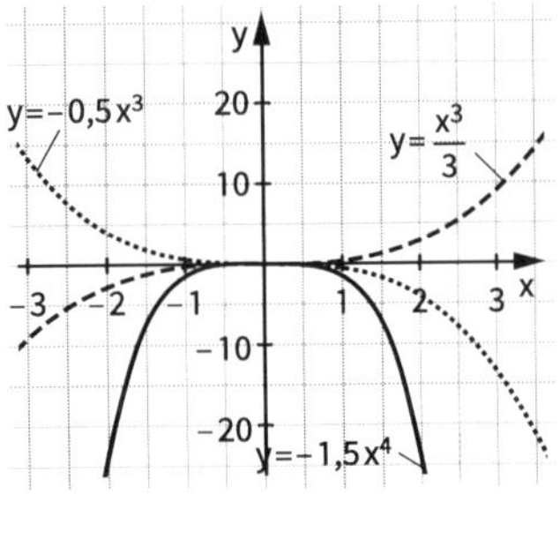

16

5. a) Beispiel: $g(x) = x^2 + 1{,}5$
Beim Verschieben eines Graphen wird zur y-Koordinate $f(x)$ der Wert c addiert und die x-Koordinate beibehalten.

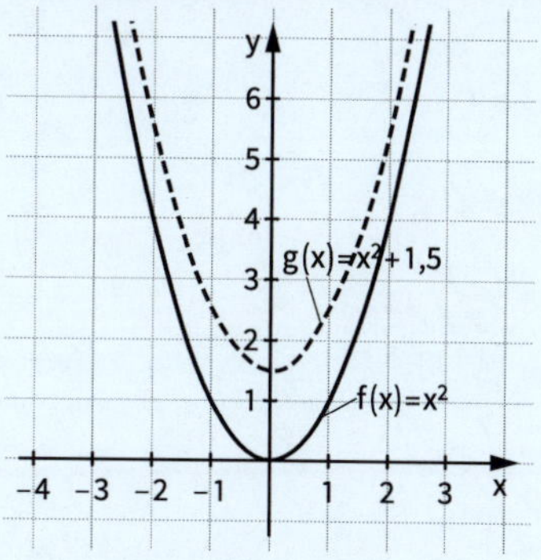

b)

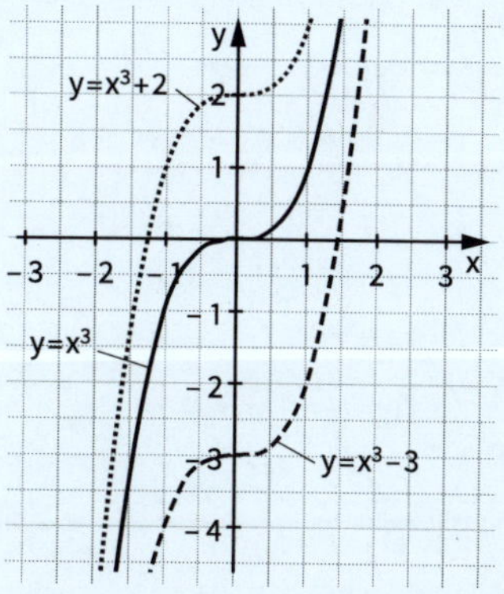

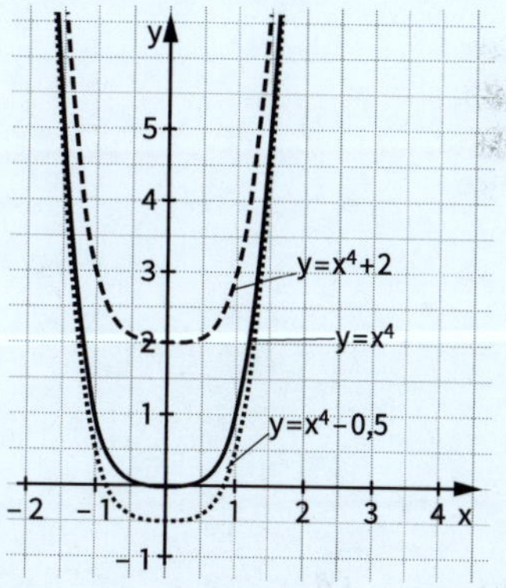

17

6. a) (1) $y = x^3$ (d); (2) $y = 0{,}5x^3$ (e); (3) $y = -2x^3$ (b); (4) $y = 1{,}8x^3$ (c); (5) $y = -\frac{1}{3}x^3$ (a)

b) (1) $y = -x^4 + 1$ (e); (2) $y = \frac{1}{4}x^4 + 1$ (b); (3) $y = 2x^4$ (c); (4) $y = -0{,}5x^4 - 1$ (d); (5) $y = \frac{1}{2}x^4 - 1$ (a)

7. Die Aussage ist falsch. Für $x > 10$ oder für $x < -10$ gilt: $100x^2 < x^4$
z. B. gilt für $x = 11$: $100 \cdot 11^2 < 11^4$

17

8. a)

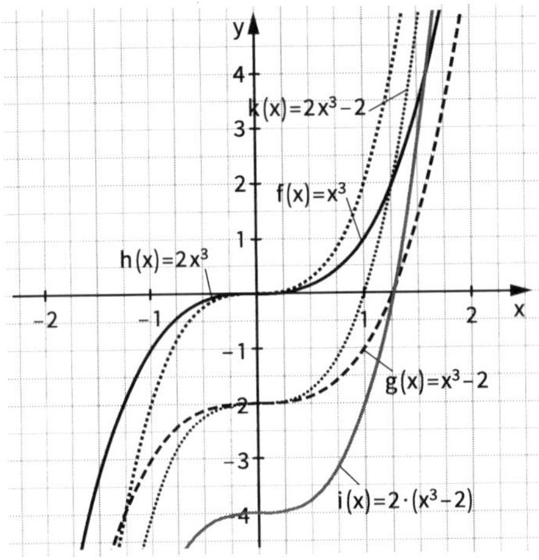

b)

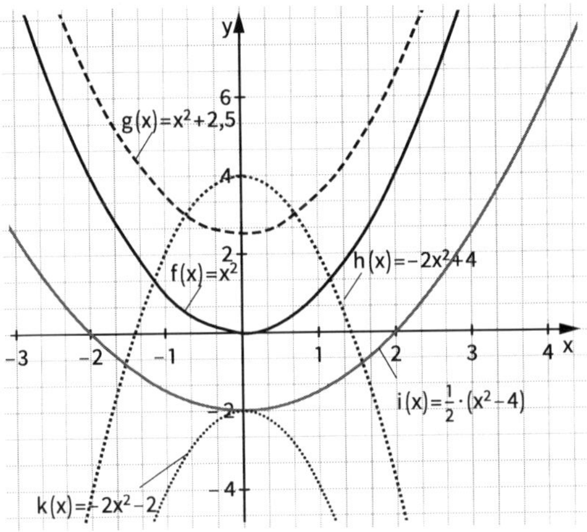

9. a)

x	−2	−1	0	1	2	3	4
$y = f(x) = x^3$	−8	−1	0	1	8	27	64
$y = g(x)$	−64	−27	−8	−1	0	1	8

b) Der Funktionswert der Funktion g an der Stelle x stimmt mit dem Funktionswert der Funktion f an der Stelle $x - 2$ überein. Somit gilt: $g(x) = f(x - 2) = (x - 2)^3$

17

9. c)

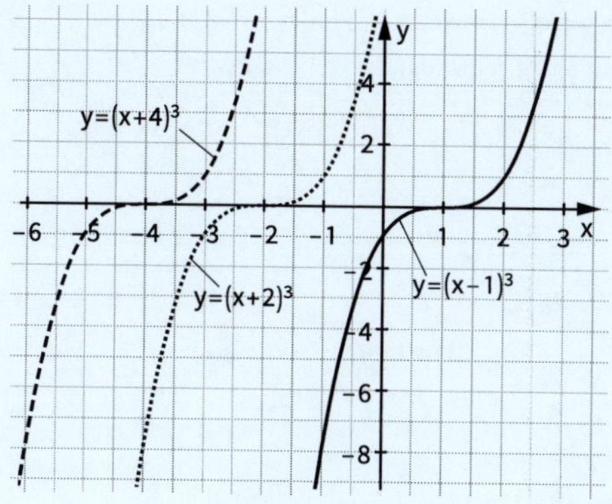

10. a)

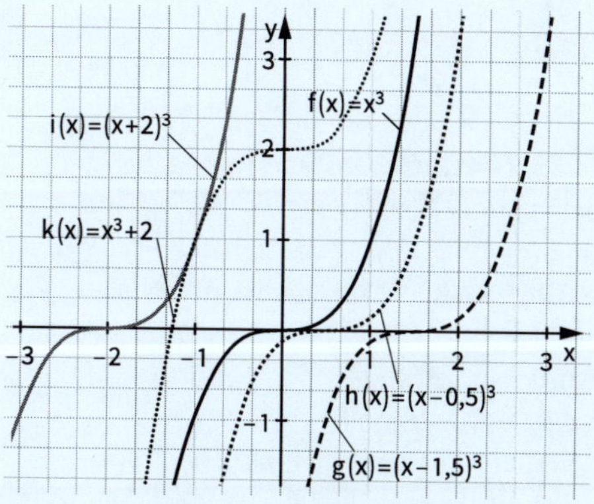

b)

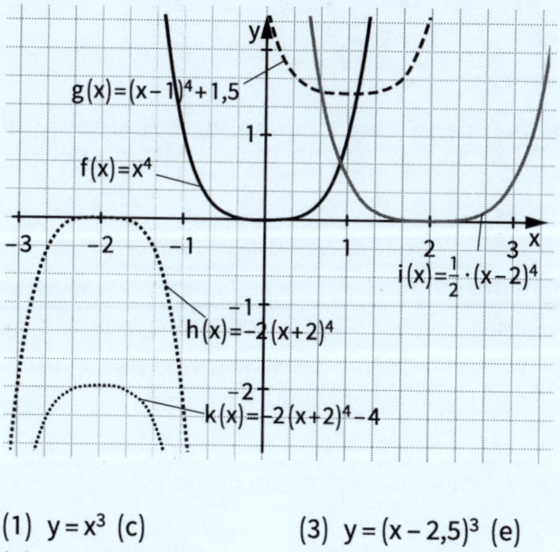

18

11. a) (1) $y = x^3$ (c)
(2) $y = (x + 0{,}5)^3$ (b)
(3) $y = (x - 2{,}5)^3$ (e)
(4) $y = (x - 0{,}5)^3$ (d)
(5) $y = (x + 2{,}5)^3$ (a)

b) (1) $y = (x - 1)^4 - 1$ (c)
(2) $y = \frac{1}{2}(x - 1)^4 - \frac{1}{2}$ (d)
(3) $y = -(x - 1)^4 + 1$ (b)
(4) $y = (x + 1)^4 - 1$ (a)

18

12. Der zurückgelegte Weg wird durch eine Funktion s mit $s(t) = a \cdot t^2$, $a > 0$ beschrieben.
Es handelt sich somit um ein quadratisches Wachstum.
Für $t = 1$ gilt: $s = 4{,}9$
Für $t = 5$ gilt: $s = 4{,}9 \cdot 5^2 = 122{,}5$

13. Reaktionsweg: $f(t) = \frac{3}{10} \cdot v$ lineare Funktion

Bremsweg: $g(t) = \frac{1}{100} v^2$ potenzielles (quadratisches Wachstum)

Anhalteweg: $h(t) = f(t) + g(t) = \frac{1}{100} v^2 + \frac{3}{10} v$

14. Dichte $\frac{m}{V} = \frac{120\,g}{15{,}625\,cm^3} = 7{,}68\,\frac{g}{cm^3}$

(1) $V = 125\,cm^3$, also $m = 960\,g$
(2) $V = 421{,}875\,cm^2$, also $m = 3240\,g$
(3) $V = 1\,000\,cm^3$, also $m = 7680\,g$
(4) $V = 8\,000\,cm^3$, also $m = 61\,440\,g$

15. a) doppelte Kantenlänge – achtfaches Volumen
dreifache Kantenlänge – 27-faches Volumen

b) doppelte Kantenlänge – vierfacher Oberflächeninhalt
dreifache Kantenlänge – neunfacher Oberflächeninhalt

c) Wird x verdoppelt, so gilt:
$f(2x) = a \cdot (2x)^n = (a \cdot x^n) \cdot 2^n = f(x) \cdot 2^n$
y ist also (2^n)-mal so groß.
Allgemein: Wird x mit dem Faktor k multipliziert, so gilt:
$f(k \cdot x) = a \cdot (k \cdot x)^n = (a \cdot x^n) \cdot k^n = f(x) \cdot k^n$. Der y-Wert wird also mit dem Faktor k^n multipliziert.

1.1.2 Potenzfunktionen mit negativen ganzzahligen Exponenten

19

Einstiegsaufgabe ohne Lösung

■
- Der Graph von f besteht aus 2 Teilen.
- f ist für $x = 0$ nicht definiert.
- Ist n gerade, so ist der Graph von f achsensymmetrisch zur y-Achse.
  Ist n ungerade, so ist der Graph von f punktsymmetrisch zum Koordinatenursprung.
- Ist n gerade, so verläuft der Graph durch die Punkte $(-1\,|\,1)$ und $(1\,|\,1)$.
  Ist n ungerade, so verläuft der Graph durch die Punkte $(-1\,|\,-1)$ und $(1\,|\,1)$.
- Für sehr große und sehr kleine Werte von x schmiegt sich der Graph an die x-Achse an.

21

1. **a)** $P_1\left(-\frac{1}{3}\middle|9\right)$; $P_2\left(-\frac{1}{4}\middle|16\right)$ oder $P_2\left(\frac{1}{4}\middle|16\right)$; $P_3\left(-25\middle|\frac{1}{625}\right)$ oder $P_3\left(25\middle|\frac{1}{625}\right)$;
$P_4(-1|1)$ oder $P_4(1|1)$; $P_5\left(-\frac{1}{\sqrt{5}}\middle|5\right)$ oder $P_5\left(\frac{1}{\sqrt{5}}\middle|5\right)$

b) $P_1\left(2\middle|\frac{1}{8}\right)$; $P_2\left(\frac{1}{3}\middle|27\right)$; $P_3\left(-\frac{1}{3}\middle|-27\right)$; $P_4\left(4\middle|\frac{1}{64}\right)$; $P_5\left(-\frac{1}{64}\middle|-262\,144\right)$

c) $P_1(-1|1)$; $P_2\left(-2\middle|\frac{1}{16}\right)$; $P_3\left(-\sqrt[4]{\frac{8}{5}}\middle|0{,}625\right)$ oder $P_3\left(\sqrt[4]{\frac{8}{5}}\middle|0{,}625\right)$;
$P_4\left(-3\middle|\frac{1}{81}\right)$ oder $P_4\left(3\middle|\frac{1}{81}\right)$; $P_5(-10|0{,}0001)$ oder $P_5(10|0{,}0001)$

2. (1) Für gerade n gilt: $f(-x) = a\cdot(-x)^{-n} = \frac{a}{(-x)^n} = \frac{a}{x^n} = a\cdot x^{-n} = f(x)$
Der Graph von f ist achsensymmetrisch zur y-Achse.
(2) Für ungerade n gilt: $f(-x) = a\cdot(-x)^{-n} = \frac{a}{(-x)^n} = \frac{a}{-x^n} = -a\cdot x^{-n} = -f(x)$
Der Graph von f ist punktsymmetrisch zum Koordinatenursprung.

3. $x = 2$; $n = 2$; $k = 3$ $y = a\cdot 2^{-2} = \frac{1}{4}a$
$y^* = a\cdot(3\cdot 2)^{-2} = a\cdot\frac{1}{36} = \frac{1}{4}a\cdot\frac{1}{9} = \frac{1}{9}\cdot y$
Allgemein $y = a\cdot x^{-n}$
$y^* = a\cdot(k\cdot x)^{-n} = a\cdot k^{-n}\cdot x^{-n} = \frac{1}{k^n}\cdot y$
Wird x mit dem Faktor k multipliziert, so wird y mit dem Faktor $\frac{1}{k^n}$ multipliziert.

4. (1) Verschieben um −3 in Richtung der y-Achse
(2) Verschieben um 2 in Richtung der y-Achse
(3) Strecken mit dem Faktor 2 in Richtung der y-Achse
(4) Spiegelung an der x-Achse, anschließend verschieben um 3 in Richtung der y-Achse
(5) Strecken mit dem Faktor 0,5 in Richtung der y-Achse, anschließend spiegeln an der x-Achse, danach verschieben um 2,5 in Richtung der y-Achse
(6) Strecken mit dem Faktor $\frac{1}{3}$ in Richtung der y-Achse
(7) Verschieben um 2 nach rechts in Richtung der x-Achse
(8) Verschieben um 2 nach links in Richtung der x-Achse, anschließend verschieben um −1 in Richtung der y-Achse

5. Zum 1. Graphen gehört (8) $y = 0{,}5x^{-3}$
Zum 2. Graphen gehört (4) $y = 2x^{-2}$
Zum 3. Graphen gehört (3) $y = x^{-3} - 2$
Zum 4. Graphen gehört (7) $y = -2x^{-2}$

6. **a)** $2x^{-2} = 5$, also $x_{1,2} = \pm\sqrt{\frac{2}{5}} \approx \pm 0{,}632$
b) $x^{-1} + 1 = 5$, also $x = \frac{1}{4}$
c) $0{,}5x^{-2} - 1 = 5$, also $x_{1,2} = \pm\sqrt{\frac{1}{12}} \approx \pm 0{,}289$
d) $-3x^{-8} + 5{,}001 = 5$; also $x = \pm\sqrt[8]{3000} \approx \pm 2{,}720$

1.1.3 Wurzelfunktionen mit $f(x) = \sqrt[n]{x}$

22

Einstiegsaufgabe ohne Lösung

- 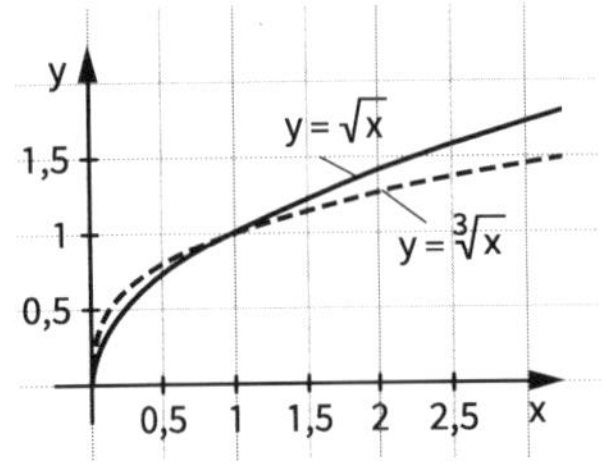

  Die beiden Graphen beginnen im Ursprung und steigen für alle $x \geq 0$ an. Sie verlaufen durch den Punkt $(1\,|\,1)$.

- $\sqrt{x}$ und $\sqrt[3]{x}$ sind für negative Werte von x nicht definiert.

23

1. (1) gehört zu $y = x^2$; (2) gehört zu $y = x^3$; (3) gehört zu $y = x$;
(4) gehört zu $y = x^{\frac{1}{2}}$; (5) gehört zu $y = x^{\frac{1}{3}}$
Der Graph (4) entsteht aus dem Graphen (1) für $x \geq 0$ durch eine Spiegelung an der Geraden (4).
Der Graph (5) entsteht aus dem Graphen (2) für $x \geq 0$ durch eine Spiegelung an der Geraden (4).

24

2. a) $P_1(4\,|\,2)$; $P_2(9\,|\,3)$; $P_3(25\,|\,5)$; $P_4(5{,}0625\,|\,2{,}25)$
b) $P_1(8\,|\,2)$; $P_2(27\,|\,3)$; $P_3(125\,|\,5)$; $P_4(0{,}001953125\,|\,0{,}125)$

3. Die Gleichung ist falsch. Der Fehler liegt beim Übergang von $(-1)^{6:2}$ zu $((-1)^6)^{\frac{1}{2}}$.
Würde man nämlich schreiben $(-1)^{\frac{1}{2}\cdot 6} = (\sqrt{-1})^6$, so ist dieser Ausdruck nicht definiert.

4. a) 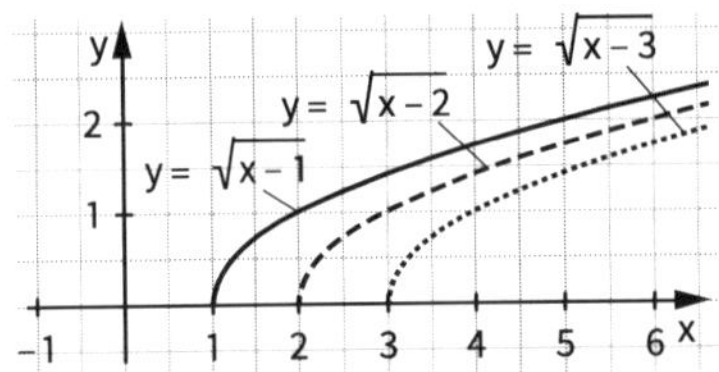

b) 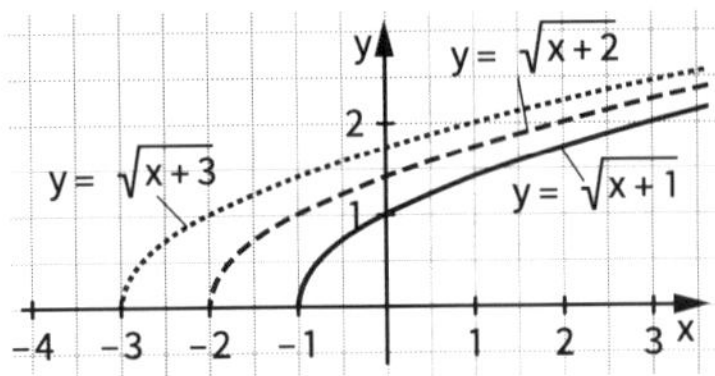

Die Graphen entstehen aus dem Graphen von $y = \sqrt{x}$ jeweils durch eine Verschiebung in Richtung der x-Achse.
Bei einer Funktion mit $y = \sqrt{x - c}$ ändert sich daher der Definitionsbereich zu
$D = \{x \in \mathbb{R}\,|\,x \geq c\}$

24

5.

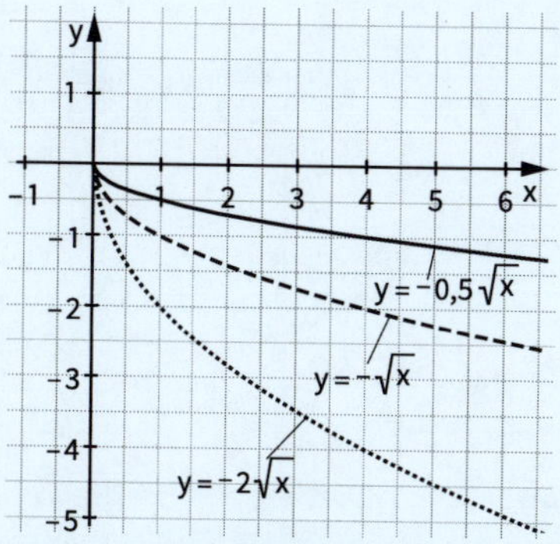

Der neue Graph entsteht durch eine Streckung des Graphen zu $y = \sqrt{x}$ mit dem Faktor $|a|$ parallel zur y-Achse und einer anschließenden Spiegelung an der x-Achse.

6. a)

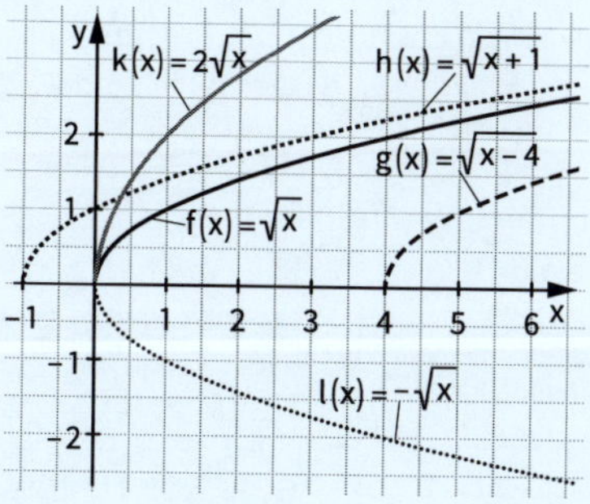

b)

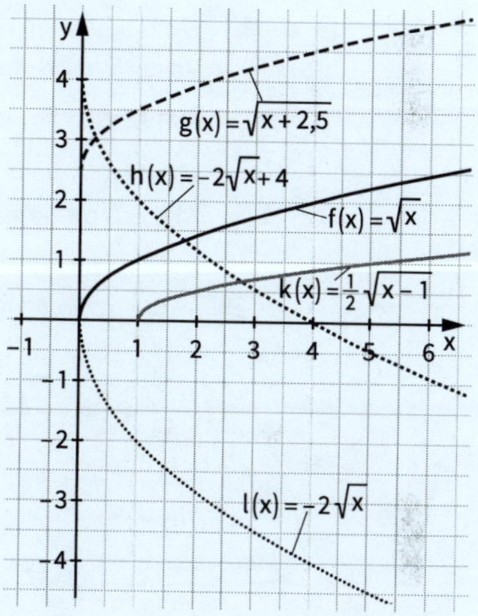

7. a)

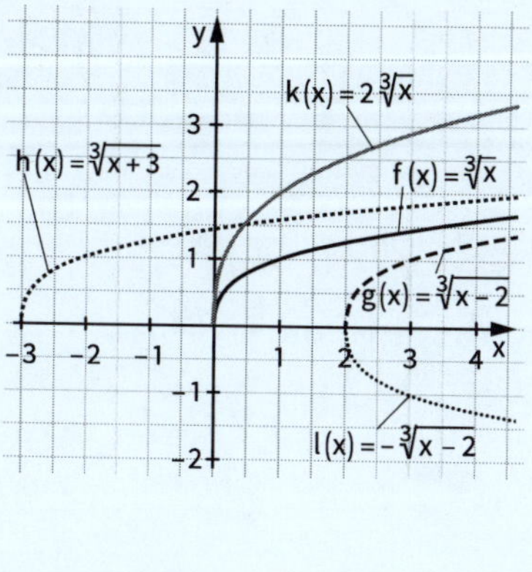

b)

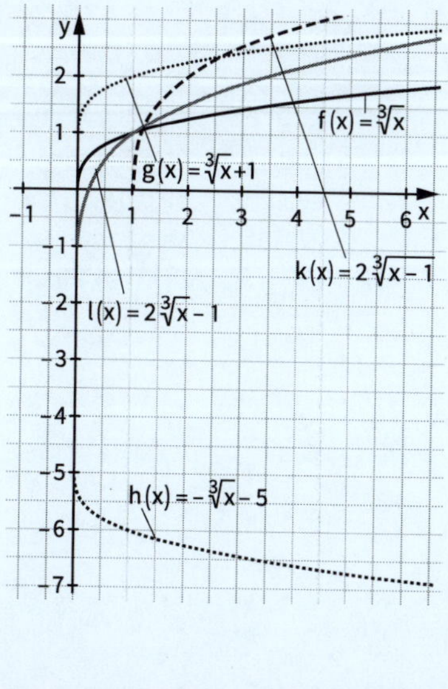

25

8. a) *Geschwindigkeit → Bremsweg*

Geschwindigkeit (in $\frac{km}{h}$)	Bremsweg (in m)
10	1
20	4
30	9
40	16
50	25
60	36
70	49
80	64
90	81
100	100

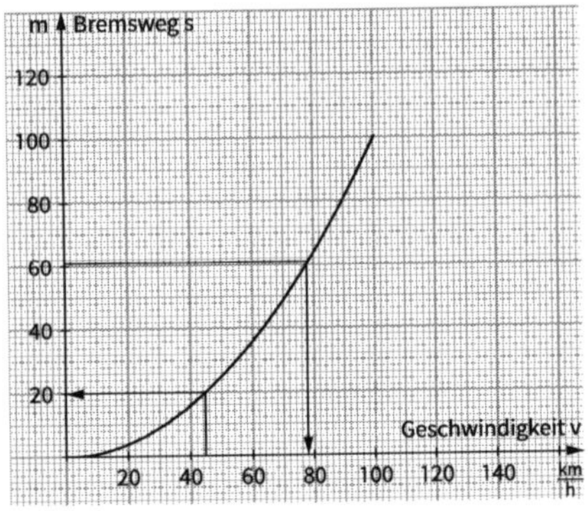

b) *(1) Bestimmen der Geschwindigkeit v mithilfe des Graphen – Eindeutigkeit*
Bei einem Bremsweg von 61 m Länge ist die vorhergehende Geschwindigkeit etwa 78 $\frac{km}{h}$.

(2) Wertetabelle und Graph der Umkehrzuordnung
Bremsweg → Geschwindigkeit

Bremsweg (in m)	Geschwindigkeit (in $\frac{km}{h}$)
1	10
4	20
9	30
16	40
25	50
36	60
49	70
64	80
81	90
100	100

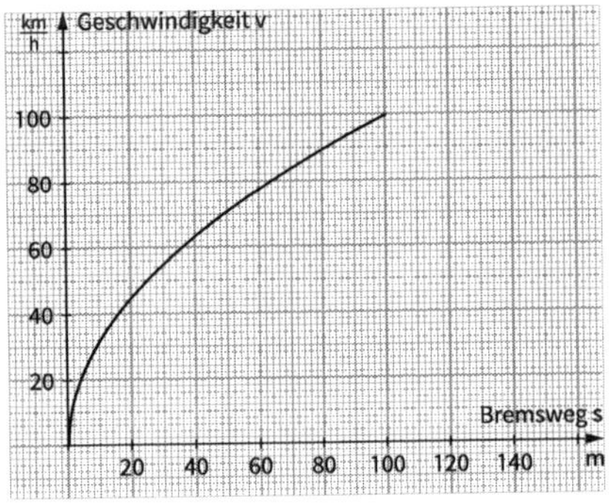

(3) Gleichung für die Umkehrzuordnung:
$s = 0{,}01 \cdot v^2$, also $v^2 = \frac{s}{0{,}01}$ und somit $v = \sqrt{\frac{s}{0{,}01}} = \sqrt{100\,s} = 10\sqrt{s}$, da v hier nicht negativ sein kann.
Die Umkehrzuordnung hat also die Gleichung $v = 10\sqrt{s}$.

25

9. a)

$x \left(\text{in } \frac{km}{h}\right)$	$y_{(1)}$ (in m)	$y_{(2)}$ (in m)	$y_{(3)}$ (in m)
10	0,9	1,3	0,8
20	3,6	5,2	3,2
30	8,1	11,7	7,2
40	14,4	20,8	12,8
50	22,5	32,5	20,0
60	32,4	46,8	28,8
70	44,1	63,7	39,2
80	57,6	83,2	51,2

b) (1) $47{,}1\,\frac{km}{h}$ $\left[52{,}7\,\frac{km}{h};\,57{,}7\,\frac{km}{h}\right]$ (gerundet)

(2) $39{,}2\,\frac{km}{h}$ $\left[43{,}9\,\frac{km}{h};\,48\,\frac{km}{h}\right]$ (gerundet)

(3) $50\,\frac{km}{h}$ $\left[55{,}9\,\frac{km}{h};\,61{,}2\,\frac{km}{h}\right]$ (gerundet)

10. Für das Volumen der Dosen gilt:

a) $V = \pi \cdot r^2 \cdot h$, also $r = \sqrt{\frac{V}{\pi \cdot h}}$, also $d = 2 \cdot \sqrt{\frac{V}{\pi \cdot h}}$

Für $V = 425$ folgt daraus: $d = 2 \cdot \sqrt{\frac{425}{\pi \cdot h}}$

b)

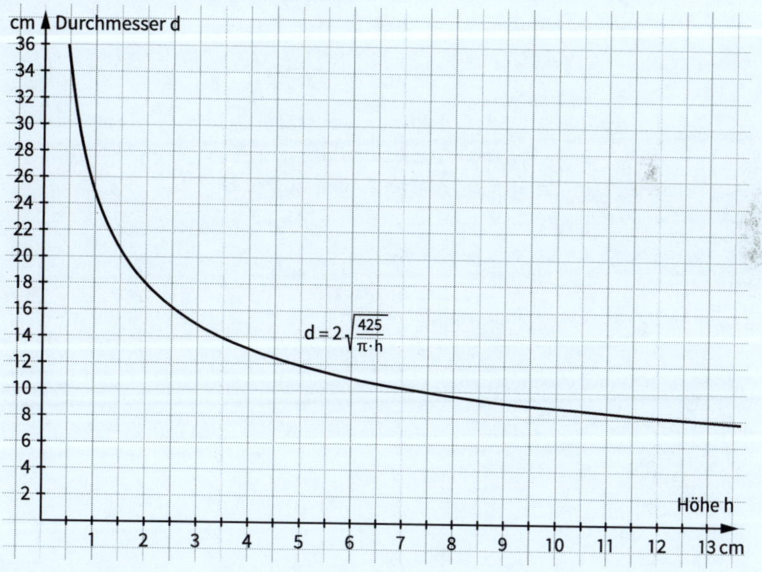

c) Wenn man die Höhe verdoppelt, verkleinert sich der Durchmesser mit dem Faktor $\frac{1}{\sqrt{2}} \approx 0{,}71$.

Begründung:

$$2 \cdot \sqrt{\frac{425}{\pi \cdot 2h}} = 2 \cdot \sqrt{\frac{1}{2} \cdot \frac{425}{\pi \cdot h}} = \sqrt{\frac{1}{2}} \cdot 2 \cdot \sqrt{\frac{425}{\pi \cdot h}} = \frac{1}{\sqrt{2}} \cdot d$$

25 **11. a)** (1) $x^2=3,\ x=3^{\frac{1}{2}}=\sqrt{3}\approx 1{,}73$ oder $x=-\sqrt{3}\approx -1{,}73$ $L=\{-\sqrt{3};\sqrt{3}\}$

(2) $x^2=5,\ x=\sqrt{5}\approx 2{,}24$ oder $x=-\sqrt{5}\approx -2{,}24$ $L=\{-\sqrt{5};\sqrt{5}\}$

(3) $x^2=-1$ Keine Lösung $L=\{\ \}$

(4) $x^3=2,\ x=\sqrt[3]{2}\approx 1{,}26$ $L=\{\sqrt[3]{2}\}$

(5) $x^3=-32,\ x=-\sqrt[3]{32}\approx -3{,}17$ $L=\{-\sqrt[3]{32}\}$

(6) $x^3=0,\ x=0$ $L=\{0\}$

b) (1) $(x-2)^2=4,\ x-2=2$ oder $x-2=-2$ $L=\{0;4\}$
(2) $3(x+5)^2=12$, also $(x+5)^2=4,\ x+5=2$ oder $x+5=-2$ $L=\{-7;-3\}$
(3) $-2(x-1)^2=-8$, also $(x-1)^2=4,\ x-1=2$ oder $x-1=-2$ $L=\{-1;3\}$
(4) $(x+5)^3=27,\ x+5=3$ $L=\{-2\}$
(5) $(x-2)^3+1=10$, also $(x-2)^3=9,\ x-2=\sqrt[3]{9}$ $L=\{2+\sqrt[3]{9}\}$

1.1.4 Wurzelgleichungen

26 **Einstiegsaufgabe ohne Lösung**
Gleichung: $\sqrt{x^2+12}=2x \Rightarrow x=2$ Die gedachte Zahl ist 2.

27 **1. a)** $L=\{24\}$ **b)** $L=\{400\}$ **c)** $L=\{-3;3\}$ **d)** $L=\{2\}$ **e)** $L=\{1\}$ **f)** $L=\{29\}$ **g)** $L=\{\ \}$ **h)** $L=\{-4;4\}$

2. a) $L=\{\ \}$
b) $z=-2$ führt zu der wahren Aussage $\sqrt{-1}=\sqrt{-1}$. Da jedoch im Bereich der reellen Zahlen $\sqrt{-1}$ nicht existiert, betrachten wir $z=-2$ nicht als Lösung der Gleichung. Im Bereich der reellen Zahlen ist also $L=\{\ \}$.
c) $L=\mathbb{R}_+$
d) $L=\mathbb{R}_+$

3. a) Gleichung: $\sqrt{x^2+2}=x+2 \Rightarrow x=-\frac{1}{2}$ Die gedachte Zahl ist $-\frac{1}{2}$.
b) Gleichung: $\sqrt{x^2-27}=\frac{x}{2} \Rightarrow x=6$ Die gedachte Zahl ist 6.

27 **4.** Jan darf die Differenz unter der Wurzel nicht zerlegen.
Nora quadriert die linke Seite der Gleichung nicht korrekt; sie hätte den Summanden 4 zunächst auf die rechte Seite der Gleichung bringen müssen.
Richtig ist für beide die folgende Rechnung:

$\sqrt{4z-4}+4=0$

$\sqrt{4z-4}=-4$

$4z-4=16$

$4z=20$

$z=5$

Die Probe zeigt, dass $z=5$ keine Lösung der Gleichung ist. Also ist $L=\{\ \}$.
Marc quadriert die Differenz auf der linken Seite der Gleichung nicht korrekt; er hätte zunächst umformen müssen. Richtig ist:

$\sqrt{x+1}-\sqrt{x-2}=1$

$\sqrt{x+1}-1=\sqrt{x-2}$

$(x+1)-2\sqrt{x+1}+1=x-2$

$\sqrt{x+1}=2$

$x+1=4$

$x=3$ $\qquad L=\{3\}$

1.2 Beschreibung exponentieller Prozesse

1.2.1 Lineares und exponentielles Wachstum

28 **Einstiegsaufgabe ohne Lösung**

Anzahl der Monate x	Monat	Wachstum	Mitgliederanzahl y
0	01/2014		500
1	02/2014	+200	700
2	03/2014	+200	900
36	01/2017	+200	7700

Die Mitgliederanzahl wächst nach der linearen Funktion $y=500+200\cdot x$, wobei x die Anzahl der Monate und y die Anzahl der Mitglieder ist. Der Geschäftsführer hat die Mitgliederanzahl zwar aufgerundet, aber die Größenordnung ist richtig.

Anzahl der Monate x	Monat	Wachstum In Prozent	Absolutes Wachstum	Nutzeranzahl y (rechnerisch)	Nutzeranzahl (gerundet)
0	01/2014			50	50
1	02/2014	+15 %	7,5	57,5	58
2	03/2014	+15 %	8,625	66,125	66
36	01/2017	+15 %	998,819	7 657,596	7658

Die Nutzeranzahl wächst nach der Funktionsgleichung $y=50\cdot 1{,}15^x$. Die Schätzung der Nutzeranzahl für 2017 ist allerdings zu hoch ausgefallen; es werden nur etwa 7 600 bis 7 700 Nutzer sein.

31

1. a) 4,9 (Mrd.) $\cdot$ $1{,}018^{15} = 6{,}40343$ (Mrd.) $\approx 6{,}4$ (Mrd.)
(stimmt mit Zeitungsmeldung überein)

	tatsächlich
1990: $4{,}9 \cdot 1{,}018^5 = 5{,}357$ (Mrd.)	5,31 Mrd.
1995: $4{,}9 \cdot 1{,}018^{10} = 5{,}85698$ (Mrd.)	5,73 Mrd.
2005: $4{,}9 \cdot 1{,}018^{20} = 7{,}00086$ (Mrd.)	6,51 Mrd.

Die Prognose stimmt für das Jahr 2000 recht gut, für das Jahr 1990 ist die Abweichung relativ gering, für die Jahre 1995 und 2005 weist das rechnerische Modell deutlich höhere Werte aus als die tatsächlichen.

b) $5{,}4 \text{ Mio.} \cdot a^{20} = 9{,}7 \text{ Mio.} \Rightarrow a^{20} = \frac{9{,}7 \text{ Mio.}}{5{,}4 \text{ Mio.}} \Rightarrow a \approx 1{,}02972$
Jährliche Wachstumsrate von $\approx 3\,\%$ ist deutlich höher als weltweite Rate.

2. a) Möglichkeit 1: Man bestimmt den Schnittpunkt des Graphen von $f(x) = 95{,}62 \cdot 1{,}02617^x$ mit der Geraden $f_2(x) = 95{,}62 \cdot 2$.
Möglichkeit 2: Man bestimmt die Lösung der Gleichung $95{,}62 \cdot 2 = 95{,}62 \cdot 1{,}02617^x$.

b) $x = 26{,}831$; Die Verdopplungszeit d beträgt 26,831 Jahre.
Nach der Faustformel ergibt sich: $d = \frac{72}{2{,}617} = 27{,}5$ (Jahre).

c) Verdopplung im Jahr 2042; Vervierfachung im Jahr 2069.

32

3.

Zeit (in Monaten)	Fläche B(t) (in m²)	Fläche B(t) (in km²)
0	2	0,000002
1	6	0,000006
2	18	0,000018
3	54	0,000054
4	162	0,00016
5	486	0,00049
6	1 458	0,0015
7	4 374	0,0044
8	13 122	0,013
9	39 366	0,039
10	118 098	0,12
11	354 294	0,35
12	1 062 882	1,06
13	3 188 646	3,19
14	9 565 938	9,57
15	28 697 814	28,70

$B(t) = 2 \cdot 3^t$ (in m²)

32 **4.** Arten der Prozesse und Formeln:

a) exponentiell; $V(t) = 3^t$ (in cm^2)

b) linear; $H(t) = 26 \cdot t$ (in cm)

c) exponentiell; $A(t) = 4^t$ (Anzahl der infizierten Personen)

Zeit (in Tagen)	0	1	2	3	4	5	6	7	8
a) Volumen (in m^3)	1	3	9	27	81	243	729	2 187	6 561
b) Füllhöhe (in cm)	0	26	52	78	104	130	156	182	208
c) Anzahl Personen	1	4	16	64	256	1 024	4 096	16 384	65 536

33 **5.** **a)** $f(t) = 4 \cdot b^t$. Einsetzen der Koordinaten von $P(5\,|\,10)$ liefert:

$10 = 4 \cdot b^5 \Rightarrow b^5 = 2{,}5 \Rightarrow b = 1{,}20112$

$f(t) = 4 \cdot 1{,}20112^t$

b) $f(t) = 2{,}5 \cdot b^t$. Einsetzen der Koordinaten von $P(-10\,|\,12{,}5)$ liefert:

$12{,}5 = 25 \cdot b^{-10} \Rightarrow b^{-10} = 0{,}5$

$\Rightarrow b \approx 1{,}07177$

$f(t) = 25 \cdot 1{,}07177^t$

6. 1 092,73 € ; 1 159,27 € ; 1 266,77 €

Wachstum: exponentiell

Formel: $1\,000\,€ \cdot 1{,}03^n$ (n: Anzahl der Jahre)

7. **a)**

Zeit t (in Jahren)	0	1	2	3	4	5
Bestand B (t) (in Festmeter)	40 000	41 400	42 849	44 349	45 901	47 507

Zeit t (in Jahren)	6	7	8	9	10
Bestand B (t) (in Festmeter)	49 170	50 891	52 672	54 516	56 424

b)

Zeit t (in Jahren)	0	1	2	3	4	5
Bestand B (t) (in Festmeter)	40 000	41 000	42 025	43 076	44 153	45 256

Zeit t (in Jahren)	6	7	8	9	10
Bestand B (t) (in Festmeter)	46 388	47 547	48 736	49 955	51 203

c)

Zeit t (in Jahren)	0	1	2	3	4	5
Bestandsunterschied (in Festmeter)	0	400	824	1 273	1 748	2 251
Verlust (in €)	0	18 000	37 080	57 285	78 660	101 295

33 **8.** $1\,170\,€ : 1\,000\,€ = 1{,}17;\ 1{,}17^{\frac{1}{4}} \approx 1{,}04$

Der Zinssatz beträgt 4 %.

9. K_0: Anfangskapital (am Jahresbeginn)

p %: Wachstumsrate (= Zinssatz)

n: Anzahl der Jahre

K_n: Kapital nach n Jahren

K_0	1 500 €	25 000 €	23 682,28 €	1 000 €	8 945,45 €
p %	4 %	5,75 %	3 %	4,14 %	6 %
n	8	10	8	10	12
K_n	2 052,85 €	43 726,40 €	30 000 €	1 500 €	18 000 €

34 **10.** Afrika: Bevölkerung: $7\text{ Mrd.} \cdot 0{,}15 = 1{,}05\text{ Mrd.}$ Bevölkerung nach 89 Jahren:

Wachstumsrate: 1,023 $1{,}05\text{ Mrd.} \cdot 1{,}023^{89} = 7{,}9455\text{ Mrd.}$

Asien: Bevölkerung: $7\text{ Mrd.} \cdot 0{,}6 = 4{,}2\text{ Mrd.}$ Bevölkerung nach 89 Jahren:

Wachstumsrate: 1,0115 $4{,}2\text{ Mrd.} \cdot 1{,}0115^{89} = 11{,}62\text{ Mrd.}$

Auch nach 89 Jahren ist die Bevölkerungszahl von Asien höher.

11. a) $6470 \cdot b^9 = 8780 \quad \Rightarrow b^9 = 1{,}35703$

$\Rightarrow b = 1{,}0345$

Der Wachstumsfaktor ist 1,0345.

b) $6470 \cdot 1{,}0345^5 = 7665{,}79$

Nach 5 Jahren gab es etwa 7 666 Kormorane.

c) Die Kormoranpopulation kann nur so lange ungebremst wachsen, wie Platz- und Nahrungsangebot ausreichen. Langfristig kann dieses Modell nicht angewandt werden.

12. Nigeria: $2a = a \cdot 1{,}025^x \Rightarrow x = 28{,}071 \left(= \log_{1{,}025}(2)\right)$

Türkei: $2a = a \cdot 1{,}012^x \Rightarrow 58{,}1081 \left(= \log_{1{,}012}(2)\right)$

13. Prognose A: 2,8 % Prognose B: 2,2 %

14. Die Rechnung berücksichtigt nicht die Zinseszinsen.

15. 1960: Jahr 0 und 2000: Jahr 40:

a) Mit den Punkten $P(0\,|\,318)$ und $Q(40\,|\,370)$ ergibt sich:

$318 \cdot a^{40} = 370 \Rightarrow a^{40} = \frac{370}{318}$

$\Rightarrow a = 1{,}00379$

$f(t) = 318 \cdot 1{,}004^t$

b) Mit den Punkten P und Q aus a) erhält man $m = \frac{370 - 318}{40} = 1{,}3$ und damit $g(t) = 1{,}3t + 318$

c) $f(t) = g(t)$ liefert: $t = 0$ oder $t = 11{,}9$

graphische oder rechnerische Lösung mit CAS

d) $3{,}18 \cdot 1{,}004^t = 2 \cdot (1{,}3t + 318) \Rightarrow t = 426$

Nach 426 Jahren ist der Prognosewert der exponentiellen Funktion doppelt so hoch wie bei der linearen.

1.2.2 Exponentielle Abnahme – Halbwertzeit

35

Einstiegsaufgabe ohne Lösung

- $f(t) = 50 \cdot 0{,}8^t$
  $25 = 50 \cdot 0{,}8^t \Rightarrow 0{,}8\,t = \frac{1}{2}$
  $\Rightarrow t = \log_{0,8}\left(\frac{1}{2}\right)$
  $t \approx 3{,}1$
  Nach ca. 3 Minuten ist die Hälfte der Substanz ausgeschieden.
- $30 \cdot b^{10} = 6 \Rightarrow b = 0{,}85134$
  $f(t) = 30 \cdot 0{,}85134^t$. Die Halbwertzeit beträgt hier 4,3 Minuten und stimmt mit den Aussagen der Wikipedia-Quelle überein, in der ersten Teilaufgabe ist die Halbwertzeit niedriger.

36

1. a)

	1. Tag	2. Tag	3. Tag	4. Tag	5. Tag
Anzahl der Tage	0	1	2	3	4
Masse (in mg)	3	2,76	2,54	2,34	2,15

Abnahmefaktor: $1 - 0{,}08 = 0{,}92$

b) neuer Wert = alter Wert – p % vom alten Wert
$= \text{alter Wert} \cdot \left(\frac{1-p}{100}\right)$

37

2. a)

Anzahl x der Jahre	Masse y (in g)
0	6
1	5,500
2	5,042
3	4,622
4	4,236
5	3,883
6	3,560

$y = 6 - \left(\frac{11}{12}\right)^t$ 10 Jahre: 2,513 g

3. Nach 3 Stunden ist zum ersten Mal weniger als 0,5 mg vorhanden.
Der Zerfallsfaktor beträgt 0,75 [0,5625; 0,421875; 0,316406; 0,237305]

4. a) Linearer Abbau mit 0,15 ‰ Abbau pro Stunde
$f(t) = 0{,}8 - 0{,}15\,t$, $f(t) = 0 \Rightarrow t = 5{,}\overline{3}$
Nach $5\frac{1}{3}$ Stunden vollständiger Abbau

b) $g(t) = 0{,}8 \cdot b^t$ mit $0{,}8 \cdot b^1 = 0{,}65 \Rightarrow b = 0{,}8125 \Rightarrow g(t) = 0{,}8 \cdot 0{,}8125^t$

c) Lineares Modell: $f(-1) = 0{,}95$
Exponentielles Modell: $g(-1) = 0{,}9846$
Legt man ein exponentielles Modell zugrunde, ist der Alkoholgehalt höher.

d) Zu lösen ist die Ungleichung $0{,}1 \cdot 0{,}6^t < 0{,}01 \Rightarrow t > 4{,}5$
Nach 4,5 Stunden ist der Alkoholgehalt unter 0,01 ‰ gesunken.

38 **5.** **a)** $55 \cdot 0{,}9^7 = 26{,}3$ $\quad 55 \cdot 0{,}9^{7{,}5} \approx 24{,}96$ $\quad 55 \cdot 0{,}9^8 = 23{,}3$

Nach $7\frac{1}{2}$ Wochen

b) Verunreinigung nach 5 Wochen: $55 \cdot 0{,}9^5 = 32{,}477$

Verlauf nach 5 Wochen: $32{,}477 \cdot 1{,}15^t = 55 \Rightarrow t = 3{,}77$

Nach ca. weiteren 4 Wochen wird der alte Wert wieder erreicht sein.

6. **a)** $5 \cdot b^{30} = 2{,}5 \Rightarrow b = 0{,}97716$

$f(t) = 5 \cdot 0{,}97716^t$

b) $0{,}97716^{10} = 0{,}7937$ $\quad 79{,}37\,\%$

c) $0{,}97716^t = 0{,}01 \Rightarrow t = 199{,}316$

Nach ca. 199 Jahren ist noch 1 % der Ausgangssubstanz vorhanden.

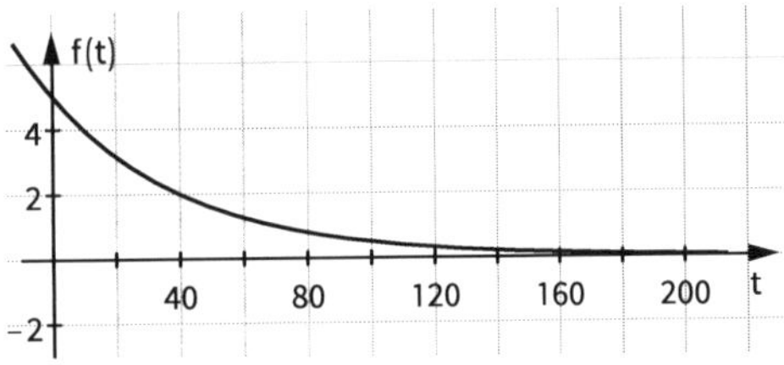

7. **a)** Wachstumsfaktor: 0,96, Halbierungszeit $16{,}98 \approx 17$ Tage

b) Wachstumsfaktor: 1,01, Verdopplungszeit $69{,}66 \approx 70$ Tage

c) Wachstumsfaktor: 1,023, Verdopplungszeit $30{,}48 \approx 30{,}5$ Tage

d) Wachstumsfaktor: 0,984, Halbierungszeit $42{,}97 \approx 43$ Tage

8. Zwischen 13 mm und 14 mm [zwischen 44 mm und 45 mm].

39 **9.** $t = 0$: 2003

a) 2012: $f(9) = a \cdot b^9 = 81{,}7$

2060: $f(57) = a \cdot b^{57} = 81{,}7 - 17$

$= 64{,}7$

$\Rightarrow a = 85{,}3531$ $\quad b = 0{,}995152$

$f(t) = 85{,}3531 \cdot 0{,}995152^t$

b) $0{,}995152^t = 0{,}5 \Rightarrow t = 142{,}629$

Nach 143 Jahren wird die Bevölkerungszahl halbiert sein.

$0{,}995152^t = 0{,}7 \Rightarrow t = 73{,}39$

Nach ca. 73 Jahren wird sie um 30 % gesunken sein.

c) $16{,}3 \cdot b^{48} = \frac{2}{3} \cdot 16{,}3 \Rightarrow b = 0{,}9916$

Halbierungszeit: 82 Jahre

Sinken um 30 % nach ca. 42 Jahren.

10.

	Wachstumsfaktor	Verdopplungszeit (in Jahren)	Steigerung um 25 %
Tokio	1,00283	245,275	78,961
Neu-Delhi	1,02686	26,15	8,419
Mexiko	1,01346	51,84	16,690
New York	1,01046	66,6	21,444
Shanghai	1,0246	28,52	9,182
Sao Paulo	1,01102	63,245	20,360

11. $f(t) = 5 \cdot 0{,}802742^t$ $\quad b = 0{,}802742$

$g(t) = 10 \cdot 1{,}24573^t$ $\quad b = 1{,}24573$

$h(t) = 5 \cdot 1{,}09372^t$ $\quad b = 1{,}09372$

39 **12.** $f(t) = a \cdot b^t$ $\quad f(1) = 0{,}5$ und $f(3) = 8$

$a \cdot b = 0{,}5$ und $a \cdot b^3 = 8 \Rightarrow a = 0{,}125,\ b = 4$

$f(t) = 0{,}125 \cdot 4^t$

$f(30) = 0{,}125 \cdot 4^{30} = 1{,}44 \cdot 10^{17}$

(Größe der Fläche nach 30 Tagen)

40 **13. a)** Bestimmung der Basis b:

$a \cdot b^{50} = 0{,}5 \cdot a$

$b^{50} = 0{,}5$

$b \approx 0{,}9862$

Funktionsgleichung für das Medikament:

$f(t) = a \cdot 0{,}9862^t$; a: Menge des Medikamentes in mg.

$f(30) = 5 \cdot 0{,}9862^{30} = 3{,}295$

Beim OP-Beginn sind noch 3,295 mg vorhanden.

b) Nach einer Stunde sind noch 2,172 mg vorhanden, mit zusätzlicher Injektion 7,172 mg.

Es ergibt sich die neue Funktionsgleichung:

$f(t) = 7{,}172 \cdot 0{,}9862^t$

$7{,}172 \cdot 0{,}9862^t = 1$

$t \approx 141{,}7$

Der Patient wacht nach etwa 142 Minuten auf.

14. $20 \cdot 1{,}06^{191} = 1\,362\,857$

Die Forderung hat also eine gewisse Grundlage.

15. a) $g(t) = \frac{640}{3}t + 640 \approx 213{,}\overline{3}t + 640$

$p(x) = 0{,}123457 \cdot x^4 + 640$

b) $f(x) = 640 \cdot 1{,}14353^x$

c) (3) ist der Graph der linearen Funktion g

(1) ist der Graph der Exponentialfunktion f

(2) ist der Graph der Potenzfunktion p

Vor dem Jahr 2000 startet das lineare Modell bei $t = -3$ bei 0, das exponentielle Modell hat für $x \rightarrow -\infty$ den Grenzwert 0, die Funktionswerte sind aber immer positiv. p ist achsensymmetrisch und damit für Werte von $x < 0$ nicht geeignet. Für langfristige Prognosen wächst f zu schnell, kein Graph hat eine Sättigungsphase, alle wachsen unbeschränkt aber unterschiedlich schnell.

1.2.3 Eigenschaften von Exponentialfunktionen – Die Exponentialfunktionen mit $y = b^x$ mit $b > 0;\ b \neq 1$

41 **Einstiegsaufgabe ohne Lösung**

Siehe die Information auf Seite 42 des Schülerbandes.

42 **1.** Vermutung: Der Graph von f entsteht durch Spiegelung des Graphen von g an der y-Achse.
In der Wertetabelle sieht man z. B.: $f(-4) = g(4)$; $f(2) = g(-2)$
Es ist $2^{-x} = \frac{1}{2^x} = \left(\frac{1}{2}\right)^x$. Allgemein: $b^{-x} = \frac{1}{b^x} = \left(\frac{1}{b}\right)^x$.
Siehe auch die Information auf Seite 42 im Schülerband.

2. a) Die Eigenschaften der natürlichen Exponentialfunktion entsprechen denen der Exponentialfunktionen $y = b^x$ mit $b > 0$, $b \neq 1$, siehe die Information auf Seite 42 im Schülerband.

b) Funktionsgleichung der gespiegelten Funktion: $g(x) = \left(\frac{1}{e}\right)^x$

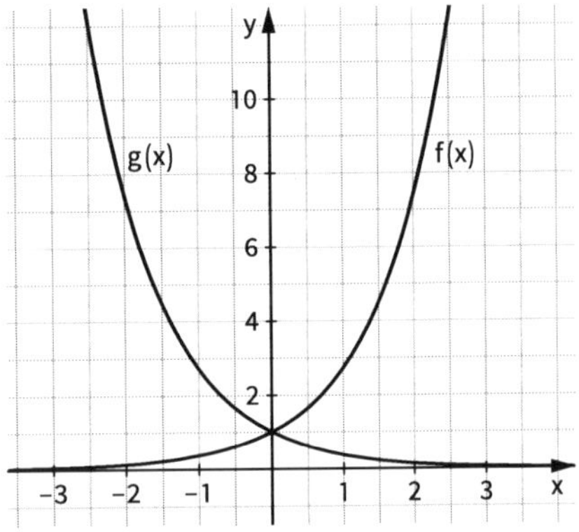

43 **3. a)** 2,3; 0,2; 4,0; 5,2; 0,4; 1,6; 7,4
b) 0,6; 1,6; keine Lösung; 2,1

4. a) $f(x) = 4 \cdot 2^x$ **d)** $f(x) = \frac{1}{8} \cdot 2^x$ **g)** $f(x) = 4^x$
b) $f(x) = \frac{1}{4} \cdot 2^x$ **e)** $f(x) = \sqrt{2} \cdot 2^x$ **h)** $f(x) = 8^x$
c) $f(x) = 8 \cdot 2^x$ **f)** $f(x) = \frac{\sqrt{2}}{2} \cdot 2^x$ **i)** $f(x) = (\sqrt{2})^x$

5. $f(x) = 2^{10} \cdot 2^x$ $\left[f(x) = \frac{1}{2^{10}} \cdot 2^x\right]$
Der Funktionswert wird ungefähr 1 000-mal kleiner (bzw. größer), denn $2^{10} = 1\,024 \approx 1\,000$.

6. Eigenschaften: Siehe Information auf Seite 42 des Schülerbandes.

7. $y = 5^x$

8.
(1) j(x) – exponentiell, $1{,}8 < 2{,}7 < 3{,}4$
(2) i(x) – exponentiell, kleinster Wachstum mit 1,8
(3) f(x) – linear, eine von zwei linearen Funktionen, die durch 1 gehen, aber mit dem kleineren Anstieg
(4) h(x) – wie (3), nur mit dem größeren Anstieg
(5) k(x) – exponentiell, größtes Wachstum mit 3,4
(6) g(x) – linear, schneidet die y-Achse allein bei 2

9. $e^2 = y$; $y \approx 7{,}39$ $e^x = 4{,}3$; $x \approx 1{,}46$ $e^c = 1{,}73$; $c \approx 0{,}55$
$e^{-2{,}5} = z$; $z \approx 0{,}08$ $e^r = -0{,}01$; keine Lösung $e^x = 0{,}5$; $x \approx -0{,}69$

10. –

44 **11. a)** – **b)** 4 [32; 1 024; 1 048 576] (in cm^3)

44 **12. a)** Die Punkte P (0 | 1), Q (1 | 2,5) und R (2 | 6,25) liegen auf dem Graphen.
Diese Punkte liegen auch auf dem Graphen der Exponentialfunktion mit der Funktionsgleichung $y = 2{,}5^x$. Man erhält folgende Wertetabelle zu $y = 2{,}5^x$:

x	0	0,5	1	1,5	2	3
y	1	1,58	2,5	3,95	6,25	15,625

x	3,5	4	10	20	–1
y	24,705	39,06	9536,7	$9{,}09 \cdot 10^7$	0,4

b) Nach 5 Stunden ist die Kultur fast 100 m² groß.

13. Eigenschaften: Siehe Information auf Seite 42 des Schülerbandes.

14. a) 3; 0,1; 0; – 0,8; 0 und – 3 sind keine Funktionswerte

b) (1) mit 0,25 multiplizieren
(2) mit 4 multiplizieren
(3) mit 0,5 multiplizieren
(4) mit 2 multiplizieren
(5) mit sich selbst multiplizieren
(6) Quadratwurzel ziehen

15. a) g (x)
b) h (x)
c) i (x)
d) f (x)
e) j (x)
f) k (x)

Begründung analog zur Lösung von Aufgabe 8.

16. $f(x) = 3^x$; $g(x) = \left(\frac{1}{3}\right)^x$
zu zeigen: $f(-x) = g(x)$
$f(-x) = 3^{-x} = \frac{1}{3^x} = \frac{1^x}{3^x} = \left(\frac{1}{3}\right)^x = g(x)$

17. $\left(\frac{3}{4}\right)^x$ und $\left(\frac{4}{3}\right)^x$; $1{,}2^x$ und $\left(\frac{5}{6}\right)^x$; $1{,}4^x$ und $\left(\frac{5}{7}\right)^x$

18. a) $b^2 = 25$
$b = 5$

b) $b^{-1} = 0{,}25$
$b = 4$

c) $b^{\frac{1}{2}} = \frac{1}{2}\sqrt{2}$
$b = \frac{1}{2}$

d) $b^{-3} = 0{,}125$
$b = 2$

e) $b^{-4} = 0{,}25$
$b = \sqrt{2}$

f) $b^{-1} = 6$
$b = \frac{1}{6}$

g) $b^3 = 0{,}343$
$b = 0{,}7$

h) $b^{-4} = 256$
$b = 0{,}25$

i) $b^{-0{,}5} = -13$
$b = -13^{-2} = -\frac{1}{169}$

1.2.4 Eigenschaften von Exponentialfunktionen mit $y = a \cdot b^x$

45 **Einstiegsaufgabe ohne Lösung**
Siehe Information auf Seite 45/46 des Schülerbandes.

1. a bewirkt eine Streckung/Stauchung des Graphen in Richtung der y-Achse. Ist $a < 0$, so wird der Graph zusätzlich noch an der x-Achse gespiegelt.
Für die Basis b gilt: Ist $b > 1$, so ist der Graph streng monoton steigend. Je größer die Basis b ist, desto schneller wachsen die Funktionswerte. Ist $b < 1$, so ist der Graph streng monoton fallend. Der Graph von $f(x) = b^x$ entsteht aus Spiegelung von $\left(\frac{1}{b}\right)^x$ an der y-Achse.
Vgl. auch Information auf Seite 45/46 des Schülerbandes.

46

2. **a)** Vervollständigung der Wertetabelle

x	−3	−2	−1	0	1	2	3
$f(x) = 2^x$	$\frac{1}{8}$	$\frac{1}{4}$	$\frac{1}{2}$	1	2	4	8
g(x)	$\frac{1}{16}$	$\frac{1}{8}$	$\frac{1}{4}$	$\frac{1}{2}$	1	2	4

b) Die Funktionswerte von g zu einer Stelle x stimmen mit den Funktionswerten von f für die Stelle $x - 1$ überein.

c)

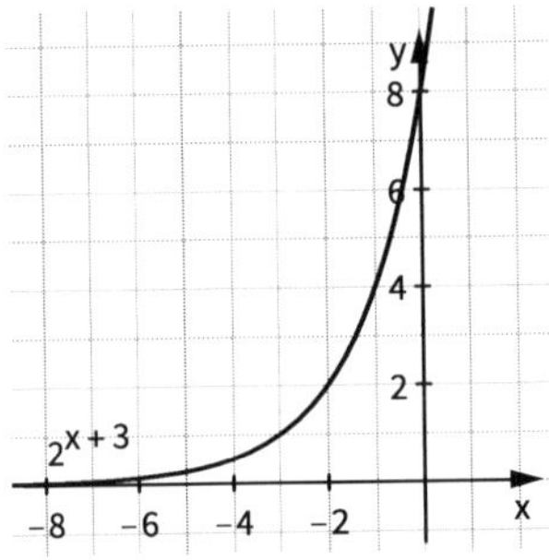

Verschiebung um 3 nach links

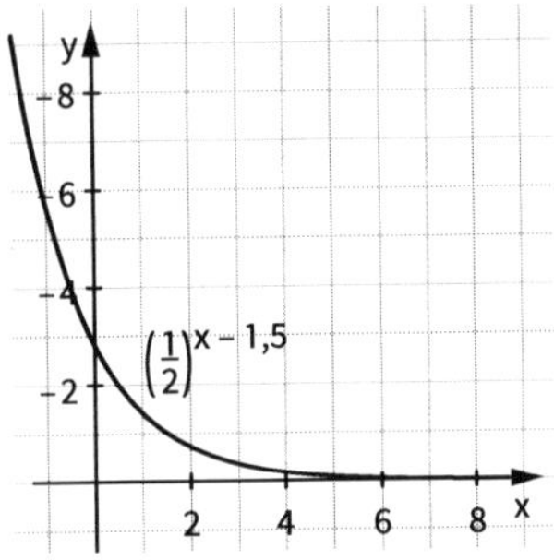

Spiegelung von $y = 2^x$ an der y-Achse und Verschiebung um 1,5 nach rechts

d) Statt den Graphen von f um 1 Einheit nach rechts zu verschieben, kann man ihn auch mit dem Faktor $\frac{1}{2}$ strecken, denn $2^{x-1} = 2^x \cdot 2^{-1} = 2^x \cdot \frac{1}{2}$

47

3. (1) g(x) geht aus f(x) durch Streckung mit dem Faktor 2 hervor: $g(x) = 2 \cdot f(x)$
Alle Eigenschaften übertragen sich, nur geht der Graph nicht durch P(0 | 1), sondern durch P(0 | 2).
Änderung der Funktionswerte um den Faktor $3^2 = 9$ bzw. $3^{\frac{1}{2}} = \sqrt{3} \approx 1{,}73$

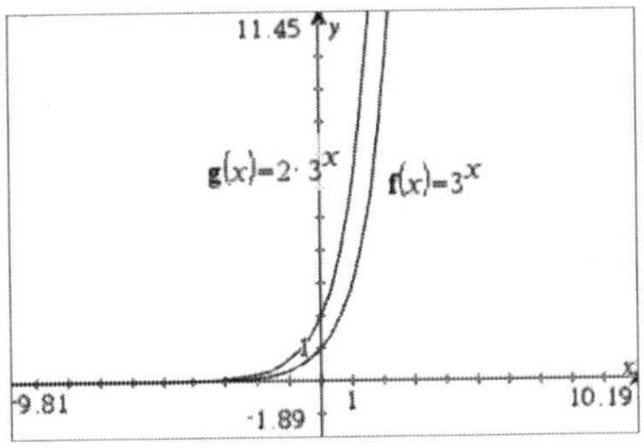

(2) g(x) geht durch Streckung von f(x) mit dem Faktor $\frac{1}{2}$ hervor, $g(x) = \frac{1}{2} \cdot f(x)$.
Alle Eigenschaften übertragen sich, nur geht der Graph nicht durch P(0 | 1), sondern durch $P\left(0 \middle| \frac{1}{2}\right)$.
Änderung der Funktionswerte um den Faktor $0{,}8^2 = 0{,}64$ bzw. $\sqrt{0{,}8} \approx 0{,}89$

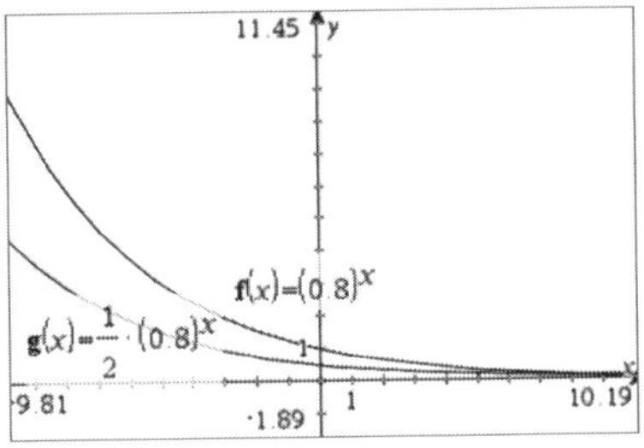

4. –

5. f und (5); g und (4); h und (2); i und (3); k und (1)

47

6. (1) Der Graph zu $y=-2^x$ entsteht durch Spiegelung des Graphen von f an der x-Achse.
(2) Der Graph zu $y=-0{,}3\cdot 2^x$ entsteht durch Streckung des Graphen von f mit dem Faktor 0,3 und anschließender Spiegelung an der x-Achse.
(3) Streckung des Graphen mit dem Faktor 1,3, dann Spiegelung an der x-Achse.

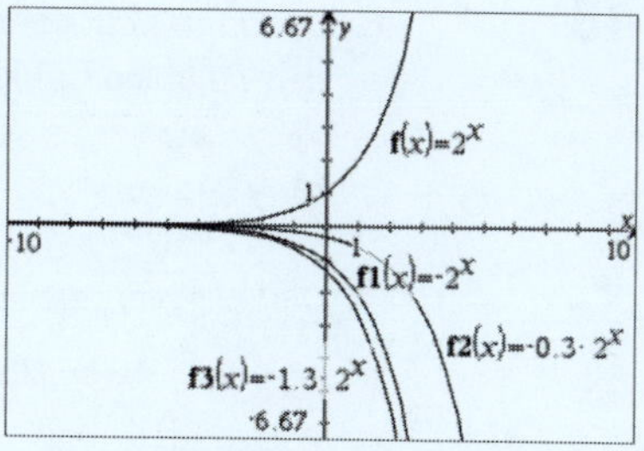

7. Eigenschaften der Graphen
(1) Der Graph fällt, liegt unterhalb der x-Achse schmiegt sich dem negativen Teil der x-Achse an, geht durch $P\left(0\middle|-\frac{1}{3}\right)$.
Der Graph von $y=5^x$ wurde mit $\frac{1}{3}$ gestreckt und dann an der x-Achse gespiegelt.
(2) Der Graph von $y=2^x$ wurde mit $\frac{2}{3}$ gestreckt und dann an der x-Achse gespiegelt. Eigenschaften wie bei (1), geht durch $P\left(0\middle|-\frac{2}{3}\right)$.
(3) Der Graph steigt monoton, liegt unterhalb der x-Achse und schmiegt sich dem positiven Teil der x-Achse an, geht durch $P(0|-3)$. Der Graph von $y=2^x$ wurde an der y-Achse gespiegelt, mit dem Faktor 3 gestreckt und dann an der x-Achse gespiegelt.

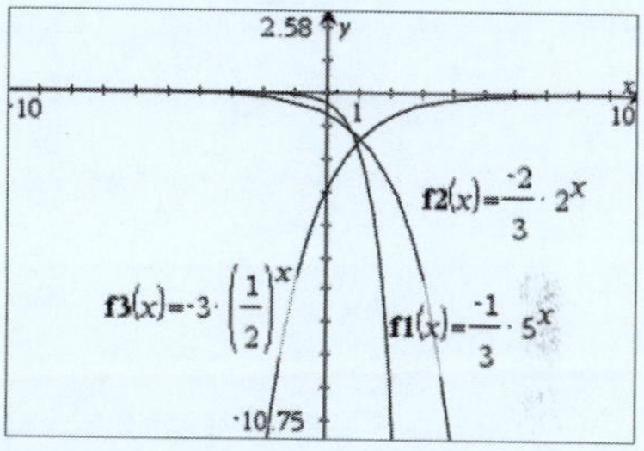

Veränderung des Funktionswertes
(1) um den Faktor $5^2=25$; $5^{\frac{1}{2}}=\sqrt{5}\approx 2{,}24$; $5^{1{,}5}\approx 11{,}2$
(2) um den Faktor $2^2=4$; $2^{\frac{1}{2}}=\sqrt{2}\approx 1{,}4$; $2^{1{,}5}\approx 2{,}83$
(3) um den Faktor $\left(\frac{1}{2}\right)^2=\frac{1}{4}$; $\left(\frac{1}{2}\right)^{\frac{1}{2}}\approx 0{,}7$; $\left(\frac{1}{2}\right)^{1{,}5}\approx 0{,}4$

8. $f(x)=0{,}5\cdot\left(5^{\frac{1}{4}}\right)^x\approx 0{,}5\cdot 1{,}495^x$
$h(x)=-2\cdot 0{,}5^x$
$g(x)=2\cdot 0{,}5^x$
$k(x)=-0{,}5\cdot\left(5^{\frac{1}{4}}\right)^x\approx -0{,}5\cdot 1{,}495^x$

48

9. **a)** $30\cdot\left(\sqrt[3]{4}\right)^x$
b) $2\cdot\left(\sqrt[5]{\frac{1}{3}}\right)^x$
c) $0{,}65\cdot\left(1{,}5^{\frac{2}{5}}\right)^x$
d) $400\cdot\left(0{,}88^2\right)^x$
e) $32\cdot\left(\sqrt[3]{1{,}05}\right)^x$
f) $4+0{,}3\cdot x$
g) $13{,}7-\frac{5}{4}\cdot x$

48 **10. Druckfehler in der ersten Auflage des Schülerbandes:** Die Teilaufgaben f), g) und h) mit den Variablen r, s und t entfallen.

a) $y = 2 \cdot 3^x$ **d)** $y = 1{,}65 \cdot 3{,}30^x$ **g)** $y = 0{,}493 \cdot 2{,}739^x$
b) $y = 1{,}5 \cdot 5^x$ **e)** $y = 10 \cdot 0{,}5^x$
c) $y = 0{,}32 \cdot 2{,}5^x$ **f)** $y = e^x$

Die bei g) vorgegebenen Koordinaten sind Näherungswerte für die Funktion $y = 0{,}5 \cdot e^x$.

Lösungen der Teilaufgaben, die ab der zweiten Auflage entfallen:

f) $y = r \cdot \left(\frac{t}{r}\right)^x$ **g)** $y = r \cdot \left(\left(\frac{1}{r}\right)^{\frac{1}{t}}\right)^x$ **h)** $y = r \cdot \left(\left(\frac{t}{r}\right)^{\frac{1}{s}}\right)^x$

11. $1 = a \cdot b^1$
$\underline{3 = a \cdot b^2 = a \cdot b \cdot b}$
$3 = 1 \cdot b$
$b = 3$
$\underline{a = \frac{1}{3}}$
$y = \frac{1}{3} \cdot 3^x = 3^{x-1}$

12. a) $f(x) = 3 \cdot x + (-2)$
$g(x) = 0{,}25 \cdot 4^x$
$h(x) = x^2$

b) $f(x) = -0{,}75 \cdot x + 3{,}5$
$g(x) = 8 \cdot 0{,}5^x$
$h(x) = 8 \cdot x^{-2}$

c) $f(x) = -7x + 7{,}5$
$g(x) = 32 \cdot \left(\frac{1}{64}\right)^x$
$h(x) = 0{,}5 \cdot x^{-3}$

13. Der Graph entsteht durch Streckung um den Faktor $|a|$ in y-Richtung und anschließende Spiegelung an der x-Achse, wenn $a < 0$ ist.

14.

Anzahl der Wochen	5	10	20
Bakterienanzahl (mit Faktor 1,41)	111	621	19 293
Bakterienanzahl (mit Faktor 1,4095)	111	619	19 157

49 **15. a)** 31,6 % **b)** 540; 935; 19 165

16. a) Quotiententest
$\frac{270}{180} = \frac{3}{2}$ $\frac{405}{270} = \frac{3}{2}$ $\frac{607{,}5}{405} = \frac{3}{2}$

b) $\frac{9}{15} = \frac{3}{5}$ $\frac{5{,}4}{9} = \frac{54}{90} = \frac{3}{5}$ $\frac{3{,}24}{5{,}4} = \frac{3}{5}$

Bei **a)** Quotient: 1,5. Da die x-Werte in 10er-Schritten angegeben sind, ergibt sich der Wachstumsfaktor zu $\sqrt[10]{1{,}5} \approx 1{,}04138$.
exponentielle Zunahme: $f(x) = 180 \cdot 1{,}04138^x$
b) exponentielle Abnahme: $f(x) = 15 \cdot 0{,}6^x$

17. a) Quotiententest
$\frac{1800}{3000} = 0{,}6$ $\frac{1080}{1800} = 0{,}6$ $\frac{648}{1080} = 0{,}6$ $\frac{389}{648} \approx 0{,}6$

b) $f(t) = 5000 \cdot 0{,}6^t$ Alle Wertepaare erfüllen die Funktionsgleichung.

49 **18.** $\frac{1\,001}{1\,013{,}2} = 0{,}988$ (Abnahmefaktor pro 100 m)

$f(h) = 1\,013{,}2 \cdot 0{,}988^h$ (h in 100 m)

Überprüfung der Daten ergibt gute Übereinstimmung bei Werten bis ca. 5 000 m Höhe.

Höhe (in m)		Höhe (in m)		Höhe (in m)	
500	$f(5) = 954$	4 000	$f(40) = 625$	9 000	$f(90) = 341$
1 000	$f(10) = 898$	5 000	$f(50) = 554$	10 000	$f(100) \approx 303$
2 000	$f(20) = 796$	6 000	$f(60) = 491$	12 000	$f(120) = 238$
3 000	$f(30) = 705$	7 000	$f(70) = 435$	16 000	$f(160) = 147$
		8 000	$f(80) = 386$	20 000	$f(200) \approx 91$

In größeren Höhen gibt es größere Abweichungen.

50 **19.** Eigenschaften: Je größer x wird, desto steiler wird der Graph; Streckung um 2^c.
Je kleiner x wird, desto flacher wird der Graph; Streckung um 2^c.

20. Durch Verschiebung parallel zur y-Achse um 3 nach rechts.

21. a) Siehe den Merksatz im Schülerband auf Seite 46 unten.
b) Siehe den Merksatz im Schülerband auf Seite 46 oben.

22. $f(x) = 0{,}5^{x-2}$
$h(x) = 0{,}5^{x+2}$
$k(x) = 0{,}5^x - 1$

23. f und (5); g und (2); h und (6); i und (3); k und (4); m und (1)

24. Überprüfung des möglichen Streckfaktors 1,5 liefert andere y-Werte von g
$g(x) = 0{,}3^x + 1{,}5$
Verschiebung um 1,5 Einheiten nach oben.

Blickpunkt: Potenzen mit irrationalen Exponenten

51 **1. a)** 3,3219… **b)** 9,7385… **c)** 31,5442… **d)** 355,5336… **e)** 5,8852…

2. a) $6^{\sqrt{2}} = 12{,}6029\ldots$ **c)** $0{,}5^{\sqrt{2}} = 0{,}3752\ldots$ **e)** $3^{\sqrt{2}-2} = 0{,}5254\ldots$
b) $3^{3\cdot\sqrt{2}} = 105{,}7435\ldots$ **d)** $2^{\sqrt{3}} = 3{,}3219\ldots$

3. Durch Umformen mithilfe der Potenzgesetze findet man:
$\left(3^{\sqrt{5}}\right)^2 = 3^{2\cdot\sqrt{5}} = \left(3^2\right)^{\sqrt{5}} = 3^{\sqrt{5}} \cdot 3^{\sqrt{5}} = 136{,}066\ \ldots$
$3^{\sqrt{2}} \cdot 3^{\sqrt{2}} = \left(3^{\sqrt{2}}\right)^2 = 22{,}361\ \ldots$
$3^{(\sqrt{2})^2} = 9$

1.2.5 Lösen von Exponential- und Logarithmusgleichungen

52 **Einstiegsaufgabe ohne Lösung**

	Algenhöhe
zu Beginn	0,60 m
nach 1 Woche	1,20 m
nach 2 Wochen	2,40 m
nach 3 Wochen	4,80 m
nach 4 Wochen	9,60 m

Die Alge wird nach 3 bis 4 Wochen an die Oberfläche des Sees gelangen. Man kann das mit einer Funktionsgleichung beschreiben: $y = 0{,}6 \cdot 2^x$, wobei x die Anzahl der Wochen und y die Länge der Alge bezeichnet.
Für $6{,}4 = 2^x$ erhält man $x \approx 3{,}415$.
Die Alge ist also nach etwa 3,4 Wochen 6,40 m hoch.

1. a) $8 \cdot 3^{2x} = 32 \cdot 5^x$ | : 8; Potenzgesetz $a^{x \cdot y} = (a^x)^y$

$(3^2)^x = 4 \cdot 5^x$ | : 5^x; Potenzgesetz $\frac{a^x}{b^x} = \left(\frac{a}{b}\right)^x$

$\left(\frac{9}{5}\right)^x = 4$ | $\frac{9}{5} = 1{,}8$

$1{,}8^x = 4$ | zur Basis 1,8 logarithmieren

$x = \log_{1{,}8}(4)$ | auf Logarithmus zur Basis 10 umrechnen

$x = \frac{\log(4)}{\log(1{,}8)}$ | $\log(1{,}8) = \log\left(\frac{9}{5}\right) = \log(3^2) - \log(5) = 2\log(3) - \log(5)$

$x = \frac{\log(4)}{2\log(3) - \log(5)}$

$8 \cdot 3^{2x} = 32 \cdot 5^x$ | : 8

$3^{2x} = 4 \cdot 5^x$ | logarithmieren (zur Basis 10)

$\log(3^{2x}) = \log(4 \cdot 5^x)$ | L 1 und L 3

$2x\log(3) = \log(4) + x\log(5)$ | $-x\log(5)$

$x(2\log(3) - \log(5)) = \log(4)$ | : $(2\log(3) - \log(5))$

$x = \frac{\log(4)}{2\log(3) - \log(5)}$

b) (1) Potenzgesetze:

$2{,}2^x = (1{,}5^3)^x \cdot 3$

$\left(\frac{2{,}2}{3{,}375}\right)^x = 3$

$x = \log_{0{,}65}(3)$

$x \approx -2{,}57$

Logarithmengesetze:

$\log(2{,}2^x) = \log(3 \cdot 1{,}5^{3x})$

$x\log(2{,}2) = \log(3) + 3x\log(1{,}5)$

$x(\log(2{,}2) - 3\log(1{,}5)) = \log(3)$

$x \approx -2{,}57$

(2) Potenzgesetze:

$\frac{4}{3} \cdot 3^{-2x} = 6^{3x}$

$\frac{4}{3} = \left(\frac{216}{\frac{1}{9}}\right)^x$

$x = \log_{1944}\left(\frac{4}{3}\right)$

$x \approx 0{,}038$

Logarithmengesetze:

$\log\left(\frac{4}{3}\right) \cdot 3^{-2x} = \log(6^{3x})$

$\log\left(\frac{4}{3}\right) - 2x\log(3) = 3x \cdot \log(6)$

$x(-2\log(3) - 3\log(6)) = -\log\left(\frac{4}{3}\right)$

$x \approx 0{,}038$

52 **2.** **a)**
- Isolierung des logarithmischen Terms auf einer Seite der Gleichung.
- Beide Gleichungsseiten werden zur Basis 2 potenziert.
- Auf der linken Seite wird gemäß Definition des Logarithmus umgeformt.
- Lösen der linearen Gleichung.

b) (1) $x = 81$ (2) $x = 1\,000$ (3) $x = 512$ (4) $x = 96$

53 **3.** **a)** 1,209 **b)** 5,358 **c)** 0,324 **d)** –7,843 **e)** 4,386 **f)** 0,5 **g)** –14,154 **h)** –1,906

4. Funktionsgleichung: $y = 270 \cdot 0{,}84^x$, wobei x die Anzahl der Stunden und y der Vitamingehalt im Blut bezeichnet.
$30 = 270 \cdot 0{,}84^x \Rightarrow x \approx 12{,}6$
Nach etwa 12,6 Stunden befinden sich nur noch 30 g Vitamin im Blut.

5. (1) nach 15,75 Jahren (2) nach 24,96 Jahren (3) nach 31,49 Jahren

6. $3\,000 \cdot 1{,}025^x = 2\,500 \cdot 1{,}0325^x \Rightarrow x \approx 25{,}0$
Nach 25 Jahren sind die beiden Guthaben gleich.

7. Nach 11 Tagen (exakt 10,34)

8. Nach 12 Tagen (exakt 11,13)

9. **a)** $x = 2$ **b)** $x = 2$ **c)** $x = 3$ **d)** $x = 6$

10. **Druckfehler in der ersten Auflage des Schülerbandes** bei g) und h):
a) $x = 1$
b) $x = 1$ oder $x = -1$
c) $x = \frac{4}{3}$
d) $x = \frac{10}{3}$
e) $x = 2$
f) $x = \frac{1}{5}$
g) $4 \cdot 4^{x+1} = 2^{x-1}$; $x = -5$
h) $e^{x+1} = e \cdot e^{2x}$; $x = 0$
i) $x = \frac{3}{4}$

11. **a)** $x < 1{,}792$ **b)** $x < 1{,}792$ **c)** $x > 0{,}732$ **d)** $x < 2{,}710$

12. **a)** $S(4 \mid 1\,280)$ **b)** $S(-4 \mid 6\,561)$ **c)** $S(0{,}0961 \mid 5{,}34)$ **d)** $S(-0{,}596 \mid 4{,}534)$

54 **13.** Der blaue Graph f(x) geht durch die Punkte $(-1 \mid 5)$ und $(3 \mid 1)$.
Mit der Lösungsmethode von Seite 48 im Schülerband erhält man $b = \sqrt[4]{0{,}2} \approx 0{,}6687$.
Zur Vereinfachung setzt man $b \approx 0{,}6687 \approx \frac{2}{3}$. Man erhält dann $f(x) = \left(\frac{2}{3}\right)^{x-3}$.
Der rote Graph g(x) geht durch die Punkte $(-2 \mid 1)$ und $(2 \mid 4)$.
Damit erhält man $g(x) = 2^{\frac{1}{2}x+1}$.
$S(0{,}6958 \mid 2{,}545)$

14. Halbwertszeiten:
a) $\frac{1}{3}$ **b)** 1,94 **c)** 1,357 **d)** 11,202 **e)** 1,609

54 **15. a)** $f(x) = 12 \cdot \left(\sqrt[5]{\frac{1}{3}}\right)^x \approx 12 \cdot (0{,}8027)^x$ Halbwertszeit $s = 3{,}155$ Tage

b) $s = 25{,}59$ Stunden

c) $s = 6{,}309$ Tage

Nach ungefähr 21 Tagen sind noch 3 g vorhanden (20,96 Tage).

d) Nach 10 Jahren noch 0,794 von der Anfangsmenge.

Nach 40 Jahren noch 0,397 von der Anfangsmenge.

16. Funktionsgleichung: $y = 0{,}5^{\frac{x}{8}}$

(1) Noch 10 % nach ungefähr 27 Tagen (26,57 Tagen)

(2) Noch 1 % nach ungefähr 53 Tagen (53,15 Tagen)

(3) Noch 2 ‰ nach ungefähr 72 Tagen (71,73 Tagen)

17. a) Funktionsgleichung: x bedeutet die Dicke der Aluminiumschicht in cm, y die Strahlung.

Cäsium: $y = 0{,}5^{\frac{x}{3{,}5}}$ Cobald: $y = 0{,}5^{\frac{x}{5{,}3}}$

Für $y = 0{,}05$ erhält man:

Cäsium: $x \approx 15{,}127$ Cobald: $x \approx 22{,}906$

Man braucht beim Cäsium 8 und beim Cobald 12 Platten von je 2 cm Dicke, um die Strahlung auf etwa 5 % zu reduzieren.

b) Jede Platte hat die Abmessung 5 cm × 5 cm × 2 cm, also das Volumen 50 cm³ und damit die Masse 135 g.

8 Platten haben die Masse 1 080 g, 12 Platten haben die Masse 1 620 g.

18. a) $L = \left\{\frac{5}{3}\right\}$ **c)** $L = \left\{\frac{e-1}{3}\right\}$ **e)** $L = \{25\}$

b) $L = \{2\}$ **d)** $L = \left\{\frac{2}{5}\right\}$ **f)** $L = \{2\,500\}$

1.2.6 Logarithmusfunktionen

55 **Einstiegsaufgabe ohne Lösung**

Siehe die Informationen auf Seite 56 des Schülerbandes.

57 **1.**

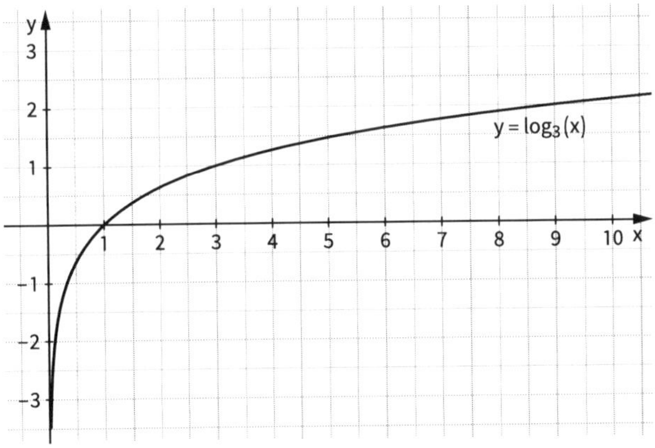

57

2. $\ln(x) = \log_e(x)$
Es gelten für den Graphen der Funktion $f(x) = \ln(x)$ alle Eigenschaften der Logarithmusfunktion zur Basis $e = 2{,}7182...$ (siehe die Information auf Seite 56 im Schülerband).

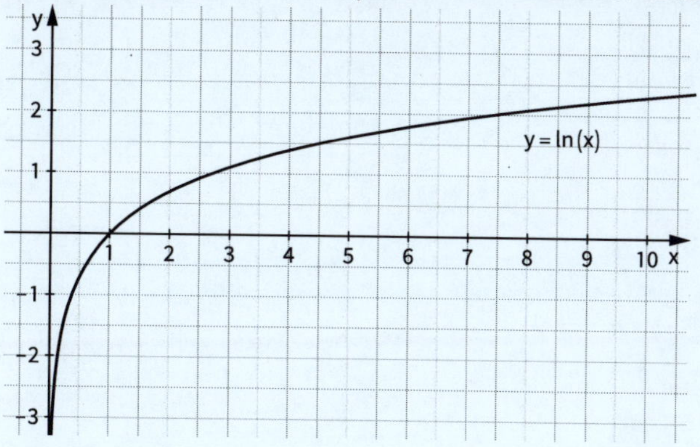

3. Die Aussagen ergeben sich unmittelbar aus den Eigenschaften der entsprechenden Exponentialfunktion, wenn man deren Graph an der Hauptwinkelhalbierenden spiegelt.

4. $y = \log_b(x)$, also $x = b^y$

a) $8 = b^3$; $b = 2$; $y = \log_2(x)$

b) $3 = b^8$; $b = \sqrt[8]{3}$; $y = \log_{\sqrt[8]{3}}(x)$

c) $0{,}5 = b^{-1}$; $b = 2$; $y = \log_2(x)$

d) $\frac{1}{3} = b^3$; $b = \sqrt[3]{\frac{1}{3}}$; $y = \log_{\sqrt[3]{\frac{1}{3}}}(x)$

e) $1 = b^0$; $b > 0$; $y = \log_b(x)$

f) $0{,}1 = b^{-6}$; $b = \sqrt[6]{10}$; $y = \log_{\sqrt[6]{10}}(x)$

5. (1) und b); (2) und c); (3) und a); (4) und d)

6. **a)** $f(x) = \log_b(x)$
$f(s \cdot x) = \log_b(s \cdot x)$
$= \log_b(s) + \log_b(x)$ (nach den Logarithmengesetzen Seite 11 im Schülerband)
$= c + \log_b(x) = f(x) + c$ (s ist konstant, also ist $\log_b(s) = c =$ konstant)

b) Siehe den Satz „Eigenschaften der Logarithmusfunktion“ auf Seite 56 im Schülerband.

7. **a)** *Hochformat* (21 cm breit, 29,7 cm hoch)
$\log_2(x) = 14{,}85$
$x \approx 29\,532$
29 532 cm : 21 cm = 1 406,2...
Er benötigt 1 407 Blätter.
Querformat (29,7 cm breit; 21 cm hoch)
$\log_2(x) = 10{,}5$
$x \approx 1\,448$
1 448 cm : 29,7 cm = 48,7...
Er benötigt 49 Blätter.

b) *Hochformat*
$\log(x) = 14{,}85$
$x \approx 7{,}0795 \cdot 10^{14}$
$7{,}0795 \cdot 10^{14}$ cm : 21 cm $\approx 3{,}37 \cdot 10^{13}$
$3{,}37 \cdot 10^{13} : 1000 \cdot 5$ kg $\approx 1{,}685 \cdot 10^{11}$ kg
$= 1{,}685 \cdot 10^8$ t
Querformat
$\log(x) = 10{,}5$
$x \approx 3{,}1623 \cdot 10^{10}$
$3{,}1623 \cdot 10^{10}$ cm : 29,7 cm $\approx 1{,}065 \cdot 10^9$
$1{,}065 \cdot 10^9 : 1000 \cdot 5$ kg $\approx 5{,}325 \cdot 10^6$ kg
$= 5325$ t

8. $\text{DIN} = 10 \cdot \log(\text{ASA}) + 1$

Noch fit … in Trigonometrie?

58

1. **a)** $\sin(55°) = \frac{5{,}4\,\text{cm}}{x}$

$x = \frac{5{,}4\,\text{cm}}{\sin(55°)}$

$x \approx 6{,}6\,\text{cm}$

b) $\cos(26°) = \frac{11\,\text{cm}}{x}$

$x = \frac{11\,\text{cm}}{\cos(26°)}$

$x \approx 12{,}2\,\text{cm}$

c) $\tan(52°) = \frac{6{,}5\,\text{cm}}{x}$

$x = \frac{6{,}5\,\text{cm}}{\tan(52°)}$

$x \approx 5{,}1\,\text{cm}$

2. Höhe der Leiter an der Wand: $h = 3\,\text{m} \cdot \cos(31°) \approx 2{,}57\,\text{m}$

Entfernung der Leiter von der Wand: $e = 3\,\text{m} \cdot \sin(31°) \approx 1{,}55\,\text{m}$

3. **a)** Schieflage des Kirchturms:

$\tan(a) = \frac{2{,}47\,\text{m}}{27{,}37\,\text{m}} = 0{,}0902$, also $a = 5{,}2°$

Der Kirchturm weist eine größere Schieflage auf.

b) $x = \sin(5{,}2°) \cdot 11\,\text{m} \approx 0{,}997\,\text{m} \approx 1\,\text{m}$

Die linke untere Kante im Bild liegt 1 m höher als die rechte untere Kante.

4. $h_s = \sqrt{s^2 - \left(\frac{a}{2}\right)^2} \approx 12{,}5\,\text{m}$

$h = \sqrt{h_s^2 - \left(\frac{a}{2}\right)^2} \approx 7{,}5\,\text{m}$

$\sin(\alpha) = \frac{h}{s} = 0{,}4677$, also $\alpha \approx 27{,}9°$

$\sin(\beta) = \frac{h}{h_s} \approx 0{,}5991$, also $\beta \approx 36{,}8°$

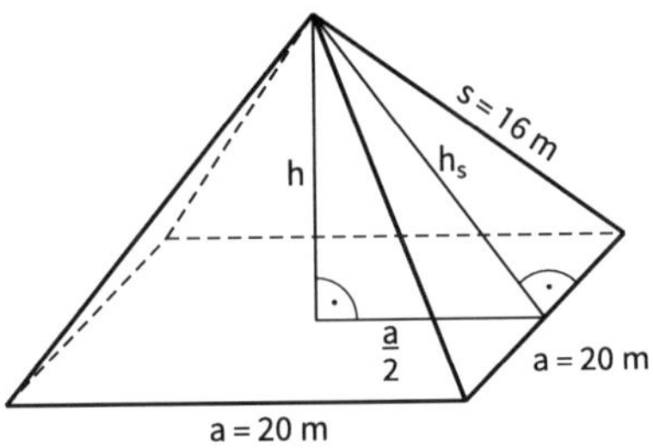

1.3 Winkelfunktionen

1.3.1 Sinus und Kosinus am Einheitskreis

59 **Einstiegsaufgabe ohne Lösung**

a)

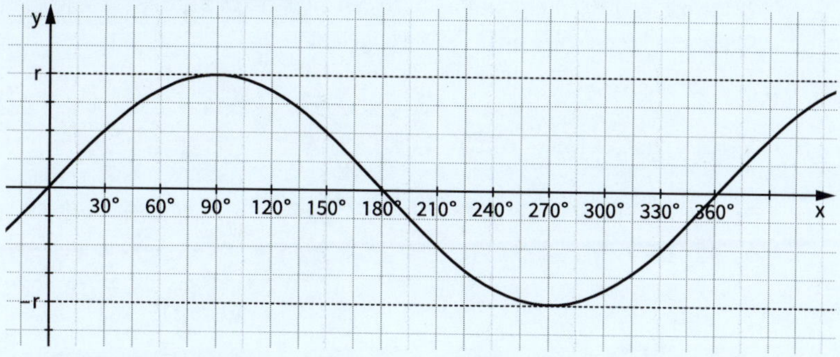

b) $y = r \cdot \sin(\alpha)$; $0° \le \alpha \le 90°$

c)

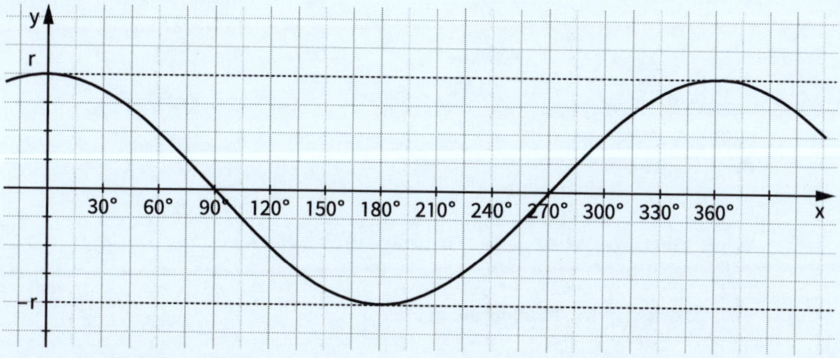

$y = r \cdot \cos(\alpha)$; $0° \le \alpha \le 90°$

61 **1. a)** 0,97 **b)** −0,56 **c)** −0,19 **d)** 0,26 **e)** −0,83 **f)** 0,98

2. a) 13,9°; 166,1°
34,05°; 214,1°
b) $20{,}5° \le \alpha \le 159{,}5°$
$206{,}7° \le \alpha \le 333{,}3°$
c) 41,4°; 318,6°
108,7°; 251,3°
d) $0° \le \alpha \le 49{,}5°$; $310{,}5° \le \alpha \le 360°$
$116{,}7° \le \alpha \le 243{,}3°$

3. a) 90°; 270° **b)** 90° **c)** 180° **d)** 270° **e)** 0°; 360°

4. a) 0,8704
0,3875
b) 0,8231
−0,0332
c) −0,2672
−0,8918
d) −0,9033
0,1478

5.

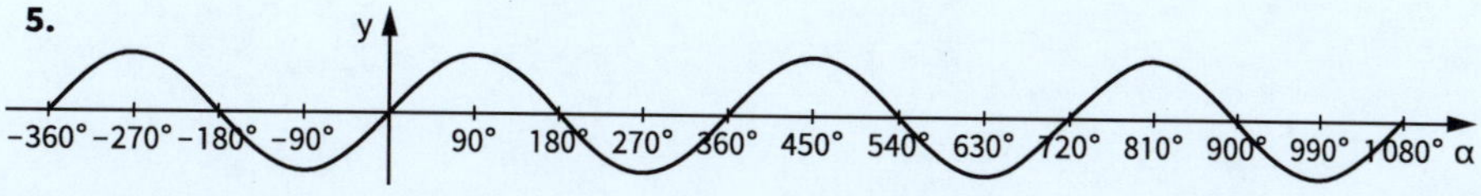

6. a) $0° < \alpha < 180°$ **b)** $90° < \alpha < 270°$ **c)** $0° < \alpha < 90°$ **d)** $90° < \alpha < 180°$

1.3.2 Bogenmaß eines Winkels

62 **Einstiegsaufgabe ohne Lösung**

Längen sind leichter messbar als Winkel.

0,87 m auf einem Kreis mit Radius 1,25 m liefert $\alpha \approx 39{,}9°$.

28,50 m auf einem Kreis mit Radius 51,25 m liefert $\alpha \approx 31{,}9°$.

Der Wurfsektor ist also nicht richtig angelegt.

64 **1.** **a)** 0,646; 1,902; 6,074; 4,503; 0,305; 5,931; 2,218

b) −0,96; 7,959; −2,182; −9,041; −4,482

2. **a)** 152,98°; 294,5°; 28,65°; −186,21°; 1 352,18°; −74,48°; 1 168,83°

b) 270°; 45°; 225°; −315°; −67,5°; −112,5°; 157,5°; −30°

3. **a)** 0,3
194,8°
154,7°
1,6
−5 328,5°
0,03

b) 0,175
57,3°
−57,3°
−0,175
180°
0,0548

4. –

1.3.3 Definition der Sinus- und Kosinusfunktion

Einstiegsaufgabe ohne Lösung

–

65 **1.** Der Taschenrechner ist noch auf DEGREE eingestellt und zeichnet die Sinusfunktion deshalb für Winkelmaße im Gradmaß. Entweder er ändert die Einstellungen unter Window, z. B. in $-360° \le x \le 360°$ oder er stellt das Winkelmaß auf Bogenmaß (RADIAN) um.

66 **2.** (1) $\sin(\pi) = 0$ (3) $\sin(15) = 0{,}6503$ (5) $\sin(-1) = 0{,}8415$

(2) $\sin(\pi°) = 0{,}0548$ (4) $\sin(15°) = 0{,}2588$ (6) $\sin(-1°) = -0{,}0175$

3. –

4. **a)**

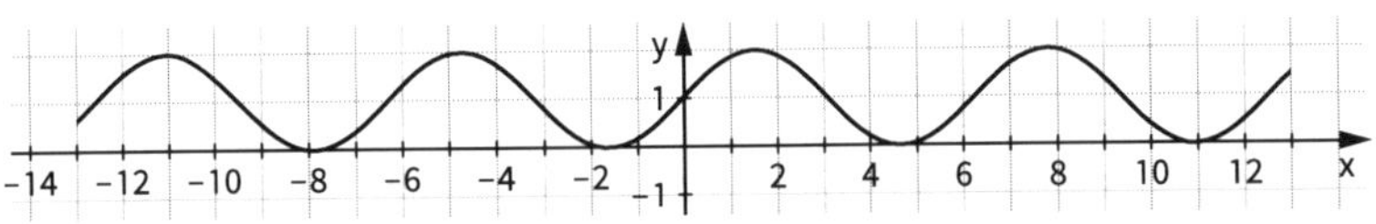

66 b)

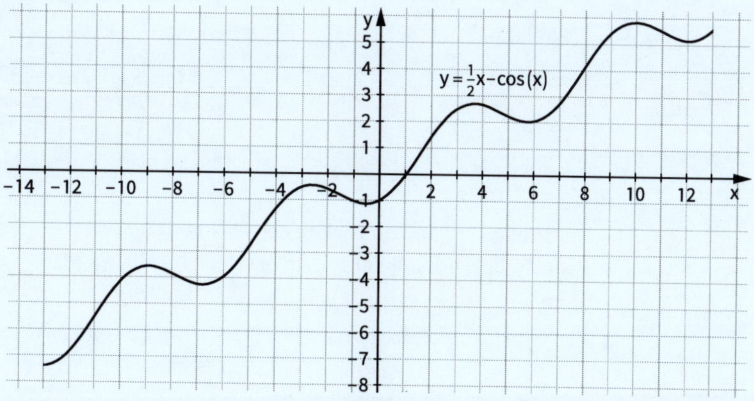

c)

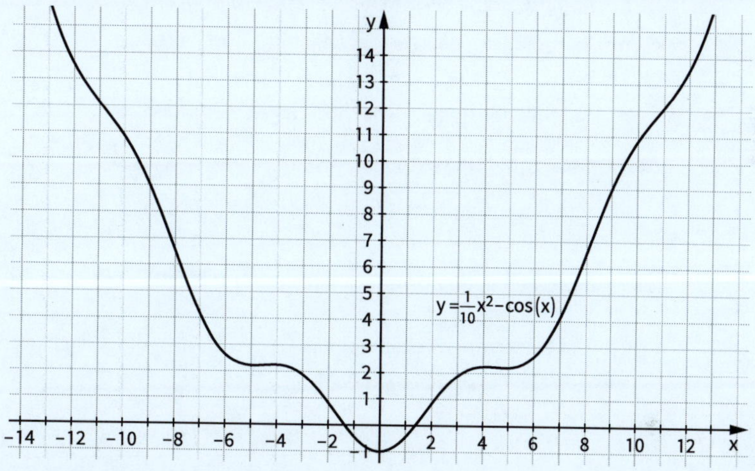

1.3.4 Eigenschaften der Sinus- und Kosinusfunktion – Bestimmen von Argumenten

Einstiegsaufgabe ohne Lösung

a) Es gilt $\sin(1{,}241\ldots) = 0{,}9163\ldots = \sin(1{,}9)$.
Der Rechner gibt den kleinsten Wert an.

b) Zum Beispiel für $x = 4 - 2\pi$; $x = 4 + 2\pi$.

68

1. **a)** 0; π; 2 π **b)** 2,35; 0,79 **c)** 1,047; –1,047 **d)** π
e) sin (x) ist immer kleiner gleich 1.

2. –

3. **a)** $-0{,}22 + k \cdot 2\pi$; $3{,}63 + k \cdot 2\pi$ $k \in \mathbb{Z}$
b) $0{,}8 + k \cdot 2\pi$; $-0{,}8 + k \cdot 2\pi$ $k \in \mathbb{Z}$
c) $1{,}7 + k \cdot 2\pi$; $-1{,}7 + k \cdot 2\pi$ $k \in \mathbb{Z}$

68

4. a) $\frac{\pi}{2} + k \cdot 2\pi$
   b) $k \cdot \pi$
   c) $\frac{\pi}{2} + k \cdot \pi$
   d) $\pi + k \cdot 2\pi$
   e) $\frac{\pi}{4} + k \cdot 2\pi$; $-\frac{\pi}{4} + k \cdot 2\pi$
   f) $\frac{\pi}{6} + k \cdot 2\pi$; $-\frac{\pi}{6} + k \cdot 2\pi$
   g) $\frac{\pi}{4} + k \cdot 2\pi$; $\frac{3\pi}{4} + k \cdot 2\pi$
   h) $-\frac{5}{6}\pi + k \cdot 2\pi$; $\frac{5}{6}\pi + k \cdot 2\pi$

5. a) Größtmögliche Funktionswerte bei $\frac{\pi}{2} + k \cdot 2\pi$ für $k \in \mathbb{Z}$.
   Kleinstmögliche Funktionswerte bei $-\frac{\pi}{2} + k \cdot 2\pi$ für $k \in \mathbb{Z}$.
   b) Größtmögliche Funktionswerte bei $k \cdot 2\pi$ für $k \in \mathbb{Z}$.
   Kleinstmögliche Funktionswerte bei $\pi + k \cdot 2\pi$ für $k \in \mathbb{Z}$.

6. a) Stimmt. (siehe Seite 67/68 im Schülerband)
   b) Stimmt nicht, denn es gilt z. B.: $\sin\left(\frac{\pi}{2}\right) = 1$, aber $\sin\left(\frac{\pi}{2} + \pi\right) = \sin\left(\frac{3}{2}\pi\right) = -1$
   c) Stimmt. (siehe Seite 67/68 im Schülerband)
   d) Stimmt. Alle ungeraden halbzahligen Vielfachen von π (also $\ldots, -\frac{3}{2}\pi, -\frac{1}{2}\pi, \frac{1}{2}\pi, \frac{3}{2}\pi, \frac{5}{2}\pi, \ldots$) sind Symmetrieachsen. Denn es gilt z. B.: $\sin(x) = \cos\left(x - \frac{\pi}{2}\right)$ und die Kosinusfunktion ist achsensymmetrisch.

1.3.5 Verschieben des Graphen der Sinusfunktion

71

1. (1) Um 2 nach oben verschoben.
   (2) Um 3 nach unten verschoben.
   (3) Um π nach unten verschoben.
   (4) Um π nach oben verschoben.

2. a) $\sin(x) + 1{,}5$
   b) $\sin(x) - 1{,}8$

3. (1) Um $\frac{\pi}{2}$ nach links verschoben.
   (2) Um $\frac{\pi}{4}$ nach links verschoben.
   (3) Um $\frac{\pi}{2}$ nach rechts verschoben.
   (4) Um $\frac{\pi}{4}$ nach rechts verschoben.

4. a) $\sin\left(x + \frac{\pi}{4}\right)$ b) $\sin\left(x - \frac{\pi}{4}\right)$ c) $\sin(x + 1)$ d) $\sin(x - 2)$

5. –

6. Den Graphen der Funktion f mit $f(x) = \cos(x + c)$ erhält man durch Verschieben des Graphen der Kosinusfunktion mit $y = \cos(x)$ parallel zur x-Achse.
   Wenn $c < 0$, dann wird nach rechts verschoben.
   Wenn $c > 0$, dann wird nach links verschoben.

1.3.6 Strecken des Graphen der Sinusfunktion parallel zur y-Achse

72

Einstiegsaufgabe ohne Lösung
Siehe die Information auf Seite 73 im Schülerband.

73

1. $y = a \cdot \sin(x)$ mit $a < 0$: Spiegelung des Graphen an der x-Achse und Streckung mit dem Faktor $|a|$ parallel zur y-Achse. Für $a = -1$ wird der Graph nur an der x-Achse gespiegelt.

74 **2.** **a)** Bei Werten $|a| > 1$ wird der Graph in Richtung der y-Achse gestreckt, bei Werten $0 < |a| < 1$ wird der Graph in Richtung der y-Achse gestaucht. Bei einem negativen Wert für a wird der Graph zusätzlich an der x-Achse gespiegelt.

b) Wie in a) erwähnt, wird der Graph bei einem negativen Wert für a an der x-Achse gespiegelt. Dadurch ändern sich weder das Symmetrieverhalten noch die Lage der Nullstellen des Graphen.

c)

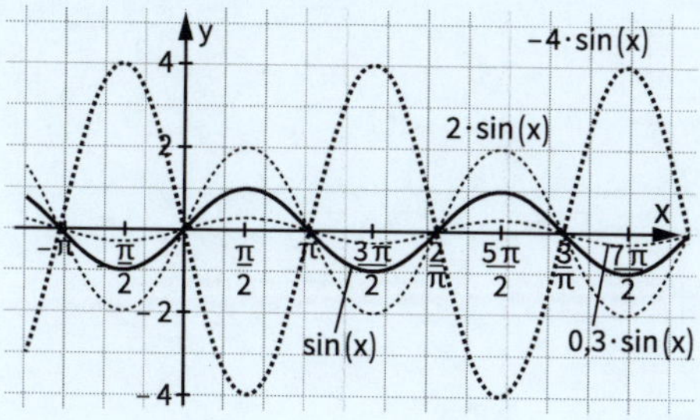

3. **a)** $f(x) = 1{,}5 \cdot \sin(x)$
b) $f(x) = 0{,}5 \cdot \sin(x)$
c) $f(x) \approx 0{,}75 \cdot \sin(x)$
d) $f(x) = -0{,}5 \cdot \sin(x)$

4. **a)** $y_1 \approx 1{,}77$
b) $x_2 \approx -0{,}52$

5. **a)** $y = 1{,}3 \cdot \sin(x)$
b) $y = 6 \cdot \sin(x)$

6. **a)** $y = 1{,}62 \cdot \sin(x)$
b) $y = 2{,}2 \cdot \sin(x)$
c) $y = 0{,}57 \cdot \sin(x)$
d) $y = 2{,}12 \cdot \sin(x)$

7. (1) (C), (2) (D), (3) (B), (4) (A)

1.3.7 Strecken des Graphen der Sinusfunktion parallel zur x-Achse

75 **Einstiegsaufgabe ohne Lösung**

- $33\frac{1}{3}$ Umdrehungen pro Minute bedeutet, dass eine Umdrehung der Langspielplatte $T = \frac{60\,s}{33\frac{1}{3}} = \frac{9}{5}\,s = 1{,}8\,s$ dauert, d. h. die Periodenlänge der zugehörigen Sinusfunktion beträgt hier 1,8 anstelle von 2π. Der funktionale Zusammenhang lässt sich mit $f(x) = \sin\left(\frac{2\pi}{1{,}8}x\right)$ beschreiben.
- Wird die gleiche Platte mit der halben Geschwindigkeit abgespielt, so dauert eine Umdrehung genau doppelt so lang. Somit ergibt sich hier als Funktionsgleichung

  $g(x) = \sin\left(\frac{2\pi}{3{,}6}x\right)$.

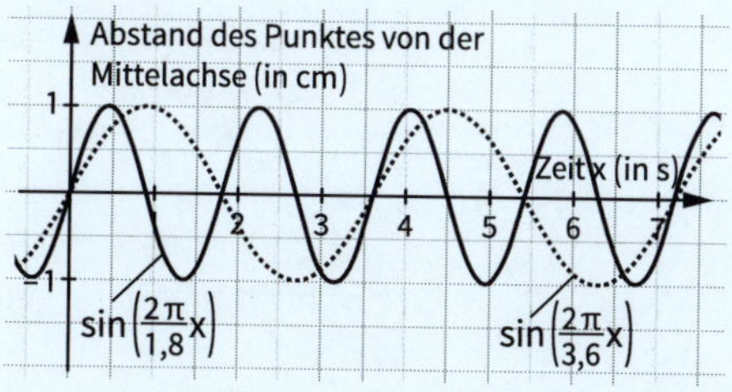

75 ■ Allgemein gilt für Funktionen der Art $y = \sin(b \cdot x)$, dass die Graphen der Funktionen in Richtung der x-Achse gestreckt werden: Bei Werten $|b| > 1$ wird der Graph in Richtung der x-Achse gestaucht, d. h. die Periode wird kürzer $\left(\text{Periodenlänge } \frac{2\pi}{|b|}\right)$ bei Werten $0 < |b| < 1$ wird der Graph in Richtung der x-Achse gestreckt, d. h. die Periode wird länger. Bei einem negativen Wert für b wird der Graph zusätzlich an der y-Achse gespiegelt.

77 **1. a)** (1) Strecken parallel zur x-Achse mit $\frac{1}{2}$

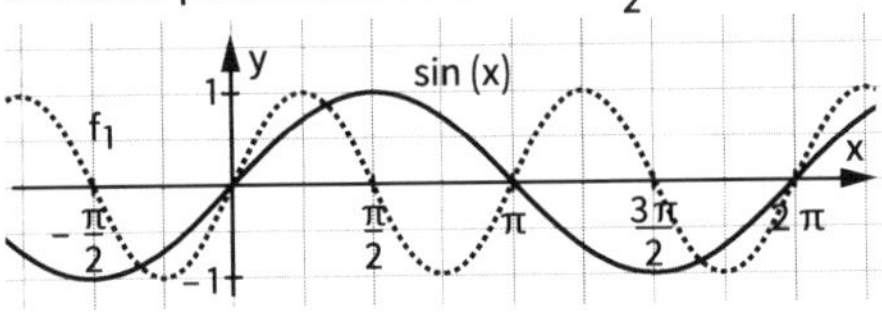

Funktionsterm: $f_1(x) = \sin(2x)$

(2) Verschieben um $\frac{\pi}{2}$ nach links

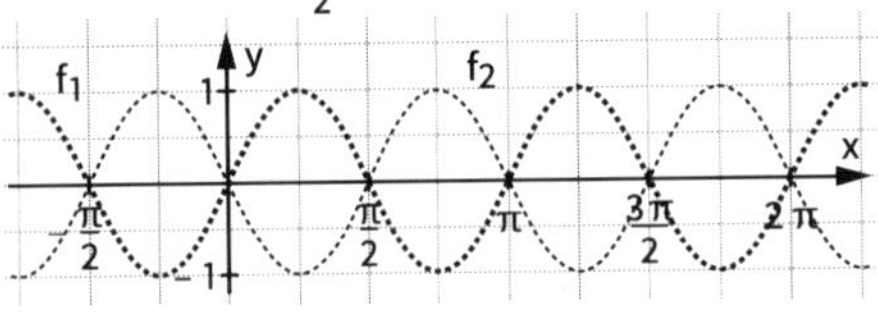

Funktionsterm: $f_2(x) = \sin\left(2\left(x + \frac{\pi}{2}\right)\right)$

b) (1) Verschieben um $\frac{\pi}{2}$ nach links

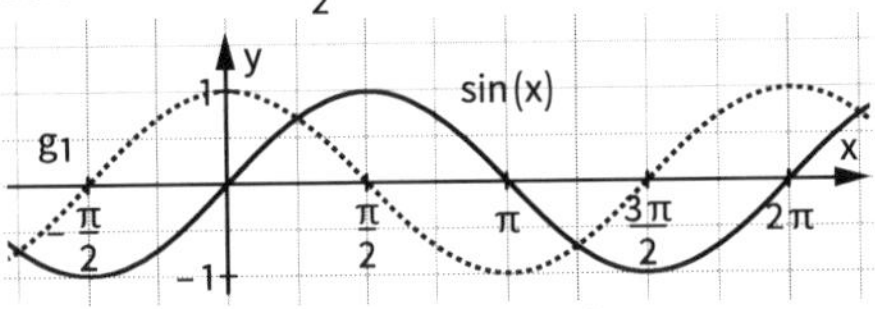

Funktionsterm: $g_1(x) = \sin\left(x + \frac{\pi}{2}\right)$

(2) Strecken parallel zur x-Achse mit $\frac{1}{2}$

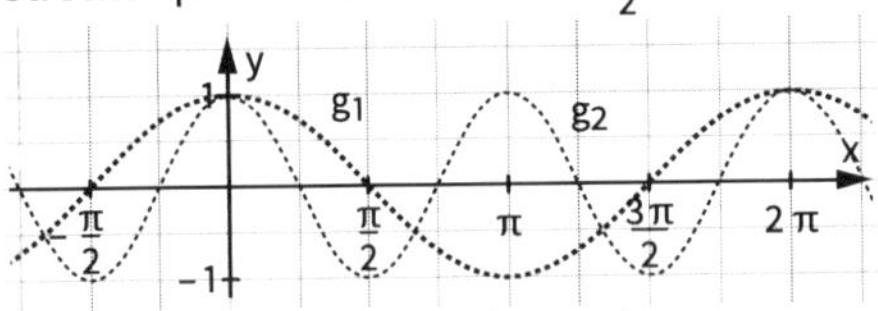

Funktionsterm: $g_2(x) = \sin\left(2x + \frac{\pi}{2}\right)$

c) Die auf beiden Wegen erhaltenen Graphen sind verschieden. Wird der Graph der Sinusfunktion zunächst verschoben und dann der verschobene Graph gestreckt, so wird auch der Betrag der Verschiebung mit gestreckt. Er unterscheidet sich von dem bei dem umgekehrten Vorgehen: erst Strecken, dann Verschieben.
Folgerung: Die Reihenfolge von Verschieben und Strecken parallel zur x-Achse kann nicht ohne Weiteres vertauscht werden.

77 **2.** Alle vier Funktionen sind punktsymmetrisch zum Ursprung und haben den Wertebereich $[-1; 1]$

a) Periode: $\frac{2\pi}{4} = \frac{\pi}{2}$, Nullstellen bei $k \cdot \frac{\pi}{4}$ für alle ganzzahligen k.

b) Periode: $\frac{2\pi}{0{,}8} = 2{,}5\pi$, Nullstellen bei $1{,}25\pi k$ für alle ganzzahligen k.

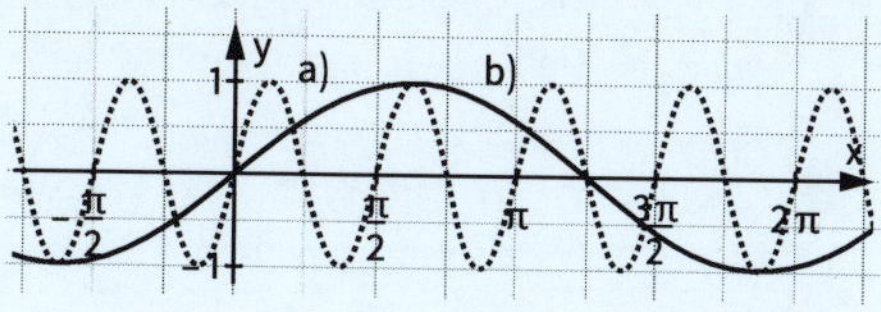

c) Periode: $\frac{2\pi}{|-0{,}5|} = 4\pi$, Nullstellen bei $2\pi k$ für alle ganzzahligen k.

d) Periode: $\frac{2\pi}{|-\pi|} = 2$, Nullstellen bei k für alle ganzzahligen k [oder: bei allen ganzen Zahlen].

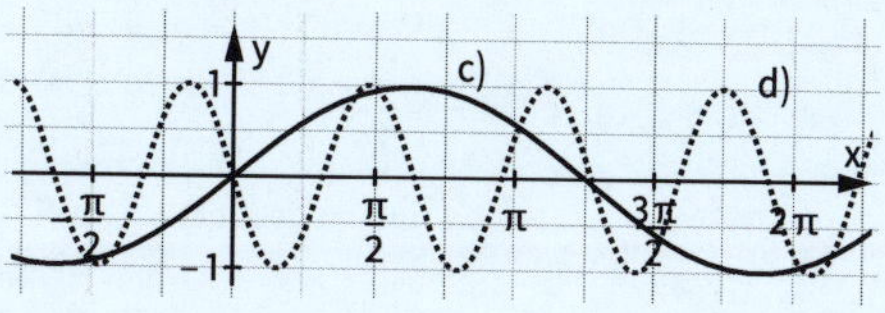

3. a) $\sin(4x)$, Periodenlänge $\frac{\pi}{2}$, also nur ein Viertel der Sinusfunktion, daher $y = \sin(4x)$

b) $\sin\left(\frac{2\pi}{9}\right)$ Periodenlänge 9, also $y = \sin\left(\frac{2\pi}{9}\right)$

4. (1) $y = \sin\left(\frac{1}{3} \cdot \frac{\pi}{2}\right) = \sin\left(\frac{\pi}{6}\right) = \frac{1}{2}$

(2) Aus $\sin\left(\frac{1}{3}x\right) = -\frac{1}{2}$ folgt $x = 3\sin^{-1}\left(-\frac{1}{2}\right)$. Im Gegensatz zu (1) ist die Umkehrung nicht eindeutig im angegebenen Definitionsbereich, d. h. es gibt zwei Lösungen $x_1 = -\frac{\pi}{2}$ und $x_2 = -\frac{5\pi}{2}$.

5. a) Die Periode beträgt mit $\frac{\pi}{2}$ nur ein Viertel der Sinusfunktion, daher $y = \sin(4x)$.

b) Aus $\sin\left(b \cdot \frac{\pi}{12}\right) = \frac{1}{2}\sqrt{2}$ folgt $b = \frac{12}{\pi} \cdot \sin^{-1}\left(\frac{1}{2}\sqrt{2}\right) = 3$. Die Umkehrung ist allerdings nicht eindeutig. Weitere Werte sind z. B. $b = 9$, $b = -15$ oder $b = -21$.

6. a)

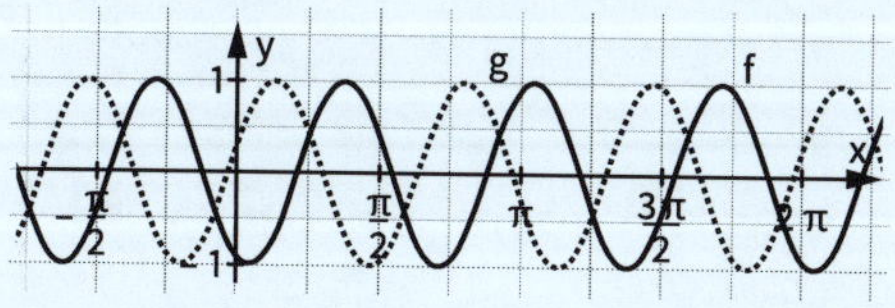

b)

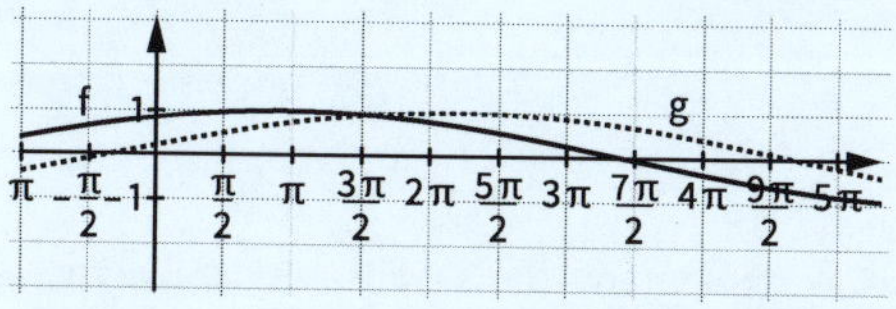

7. f: Verschieben um $\frac{\pi}{4}$ nach links, dann strecken mit dem Faktor $\frac{1}{2}$ in Richtung der x-Achse.
g: Strecken mit dem Faktor $\frac{1}{2}$ in Richtung der x-Achse, dann verschieben um $\frac{\pi}{8}$ nach links.

8. Marcs Zeichnung ist falsch. Der Graph gehört zur Funktion $y = \sin(0{,}6x - 1{,}2)$. Die Nullstelle ist bei $x = 2$, am Term ist das erkennbar durch die Umformung $\sin(0{,}6x - 1{,}2) = \sin(0{,}6(x - 2))$.

1.3.8 Tangensfunktion

78 **Einstiegsaufgabe ohne Lösung**

Siehe die Information auf Seite 78/79 im Schülerband.

79 **1.** **Druckfehler in der 1. Auflage des Schülerbandes:** Bei den beiden Formeln fehlt jeweils ein Minuszeichen. Richtig ist: $\tan(-x) = -\tan(x)$ bzw. $\tan\left(\frac{\pi}{2}+x\right) = -\tan\left(\frac{\pi}{2}-x\right)$

Lösungsvorschlag: Im Einheitskreis gilt: Beim Drehen in mathematisch positiver Richtung um den Winkel α und dem Drehen um den Winkel $-\alpha$, also in mathematisch negativer Richtung, erhält man aufgrund der Kongruenz der entstehenden Dreiecke (siehe Abbildung in der Information im Schülerband) zwei Tangenswerte, die betragsgleich sind. Da sich die Sinuswerte des Winkels α und des Winkels $-\alpha$ jedoch im Vorzeichen unterscheiden, gilt für die Tangensfunktion: $\tan(-x) = -\tan(x)$.

Die Addition bzw. die Subtraktion eines Winkels α zum Winkel $\frac{\pi}{2}$ führt ebenso zu zwei kongruenten Dreiecken. Die Kosinuswerte der Winkel $\frac{\pi}{2}+\alpha$ und $\frac{\pi}{2}-\alpha$ unterscheiden sich jedoch im Vorzeichen. Somit gilt das auch für die Tangenswerte. Es gilt also für die Tangensfunktion: $\tan\left(\frac{\pi}{2}+x\right) = -\tan\left(\frac{\pi}{2}-x\right)$.

2. **a)** 0,55 **b)** 1,56 **c)** −2,19 **d)** −3,38

3. **a)** $L = \{x \in \mathbb{R} \mid x = k \cdot \pi\}$ mit $k \in \mathbb{R}$

b) $L = \left\{x \in \mathbb{R} \mid x = k \cdot \pi + \frac{\pi}{4}\right\}$ mit $k \in \mathbb{R}$

c) $L = \{x \in \mathbb{R} \mid x = k \cdot \pi + 0{,}6107\}$ mit $k \in \mathbb{R}$

d) $L = \{x \in \mathbb{R} \mid x = k \cdot \pi - 0{,}1974\}$ mit $k \in \mathbb{R}$

4. **a)** Verschiebung um 2 Einheiten parallel zur y-Achse nach oben

b) Verschiebung um 2 Einheiten parallel zur y-Achse nach unten

c) Strecken mit dem Faktor $a = 0{,}5$ parallel zur y-Achse

d) Strecken mit dem Faktor $a = 1{,}5$ parallel zur y-Achse und Spiegeln an der x-Achse

5. Verschieben um $\frac{\pi}{4}$ parallel zur x-Achse nach rechts, Strecken mit dem Faktor $a = 0{,}5$ parallel zur y-Achse und anschließend Verschieben um 2 Einheiten parallel zur y-Achse nach oben

Blickpunkt: Parametervariationen – Abbilden von Funktionsgraphen

80 **1.** **a)** $g(x) = \sin(x) + 3$

b) $g(x) = (x+2)^4 + 1$

c) $g(x) = (x+1)^3 + 2$

d) $g(x) = -(x+1)^2 + 3$

2. **a)** $y = 0{,}5\,(x-3)^2 - 1$

b) Verschiebung der Normalparabel um 3 Einheiten parallel zur x-Achse nach rechts, Strecken mit dem Faktor 0,5 parallel zur y-Achse, Verschiebung um 1 Einheit parallel zur y-Achse nach unten

3. $y = a \cdot (x+b)^3 + c$

Siehe die Ausführungen auf Seite 81 im Schülerband.

2 Punkte und Vektoren im Raum

Noch fit … im Umgang mit Schrägbild und Zweitafelbild?

90

1. Zeichnungen hier auf die Hälfte verkleinert.

a)

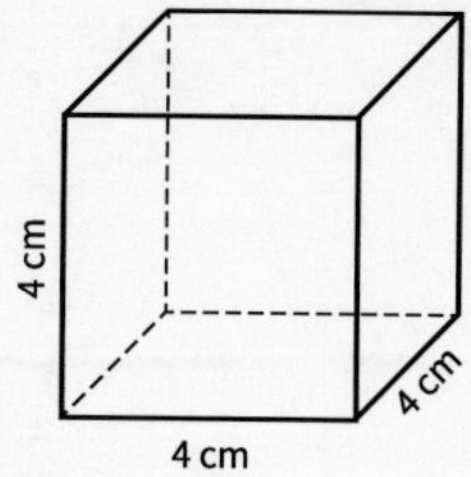

b)

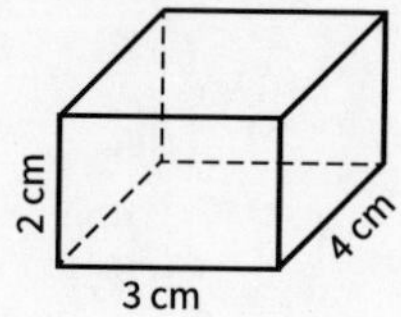

c)

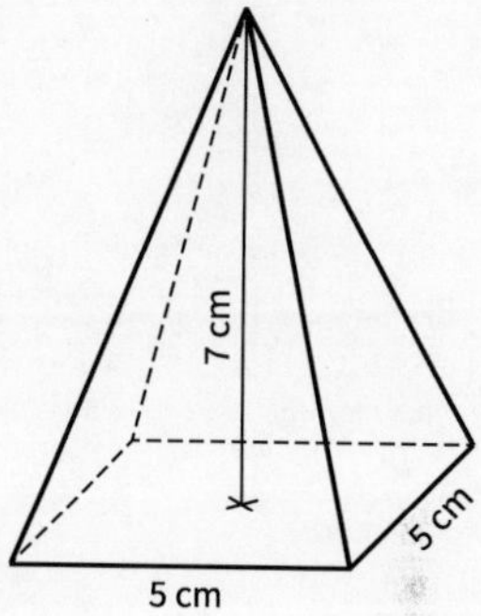

2.

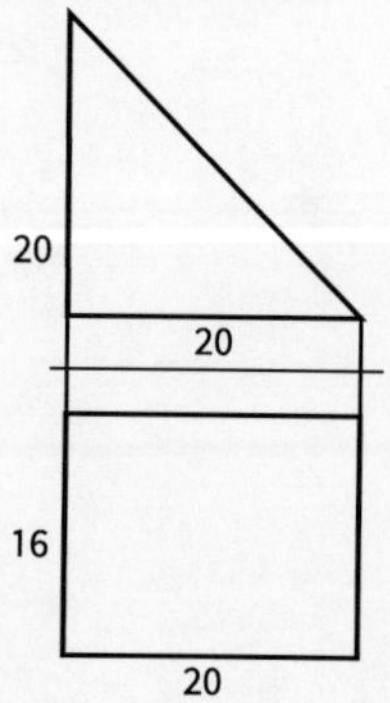

3. a) Zeichnungen hier auf die Hälfte verkleinert.

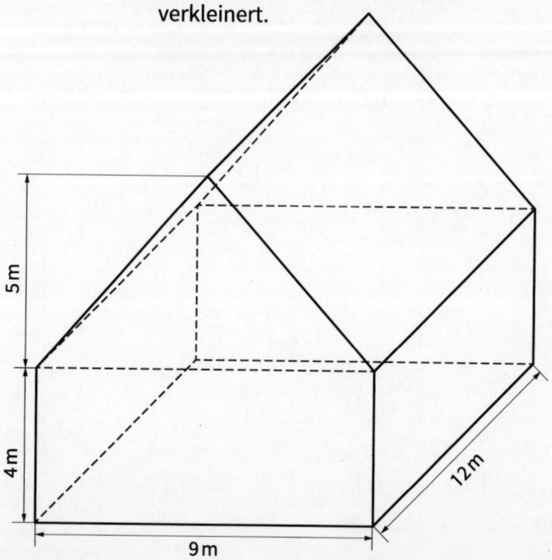

b)

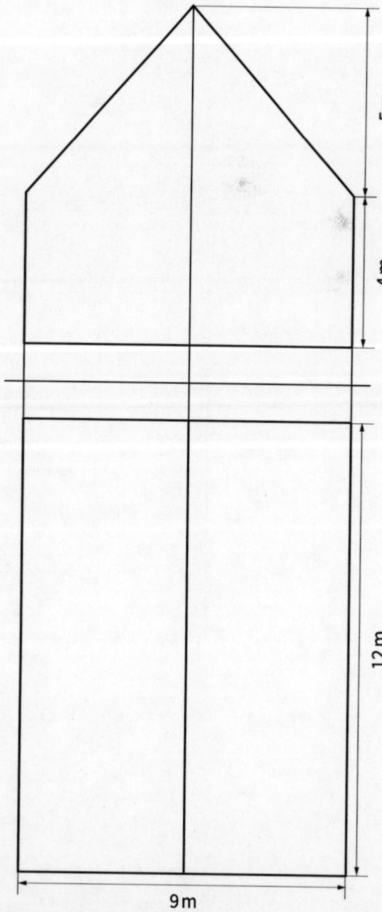

90 **c)** Das Schrägbild vermittelt ein anschauliches Bild des Objektes; man kann allerdings die Abmessungen der nach hinten verlaufenden Kanten nicht unmittelbar sehen. Das Zweitafelbild zeigt direkt die Abmessungen des Objektes (im vorgegebenen Maßstab); es zeigt aber kein anschauliches Bild des Objektes.

91 **4.** Zeichnungen hier auf die Hälfte verkleinert.

a)

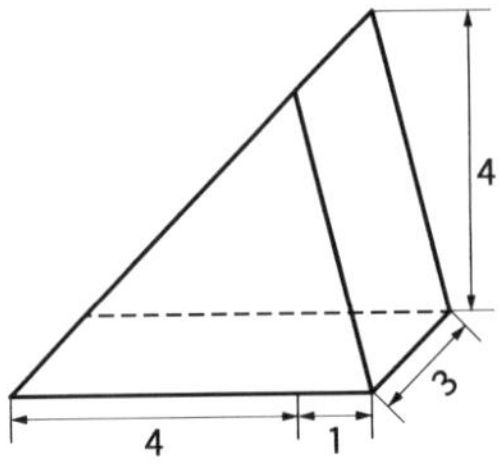

b)

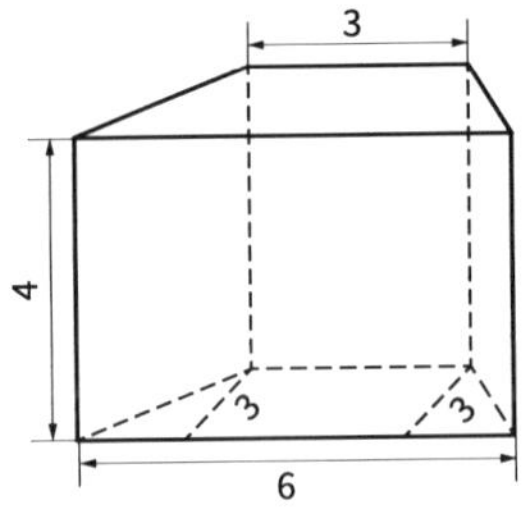

c)

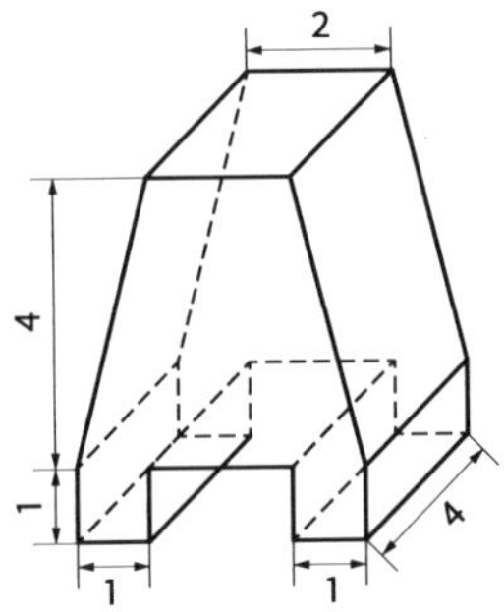

d)

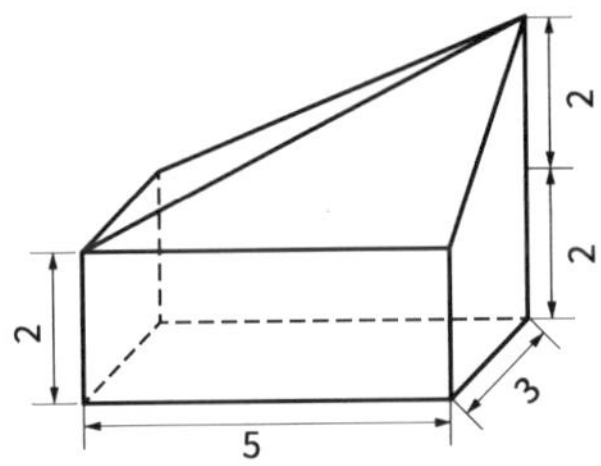

5. Zeichnungen hier auf die Hälfte verkleinert.

a)

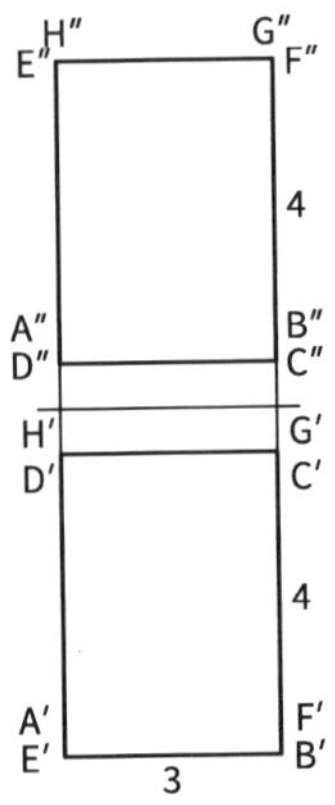

b)

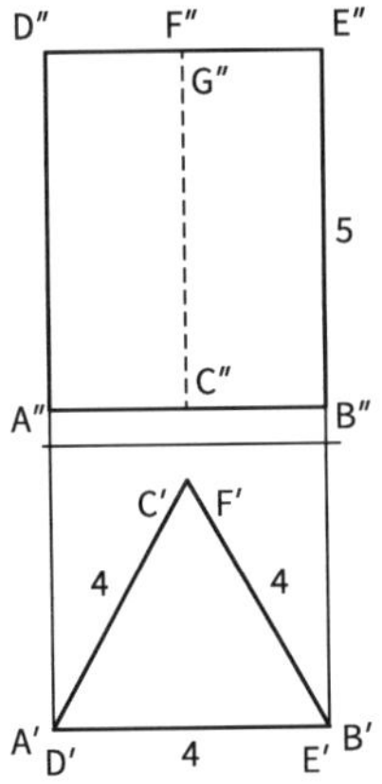

c)

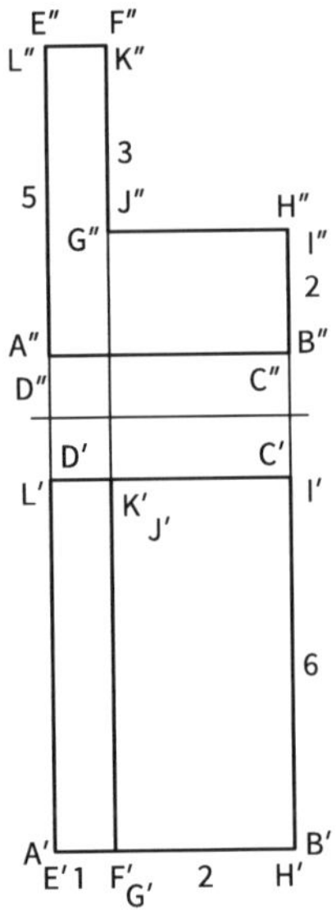

d)

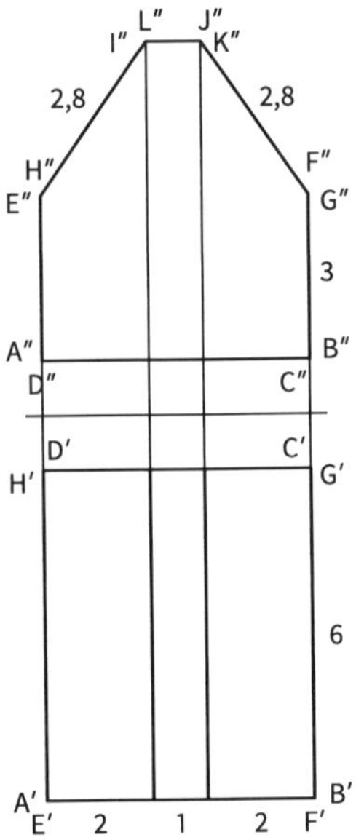

91 **6.** Zeichnungen hier auf die Hälfte verkleinert.

Zwei Beispiele: Spitze über der Mitte der Grundfläche

(Die Höhe des Grundflächendreiecks beträgt 4,3 cm.)

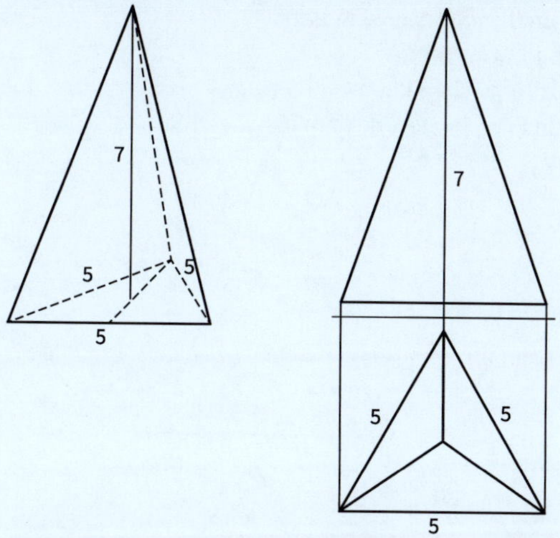

Spitze über der rechten vorderen Ecke der Grundfläche

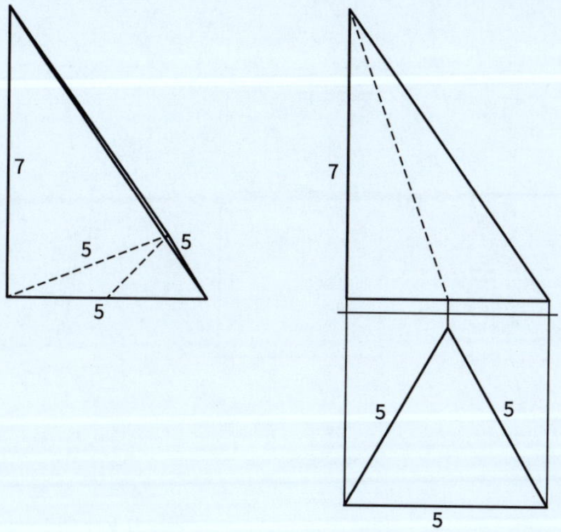

91 **7.** **a)** Im Grundriss fehlen die Diagonalen; sonst korrekt.

b) Das Zweitafelbild ist korrekt.

c) Aufriss und Grundriss wurden vertauscht.

d) Das Zweitafelbild ist korrekt.

e) Der Aufriss muss um 180° gedreht werden.

Die Schrägbilder sind nur Skizzen, nicht maßstabgetreu.

a)

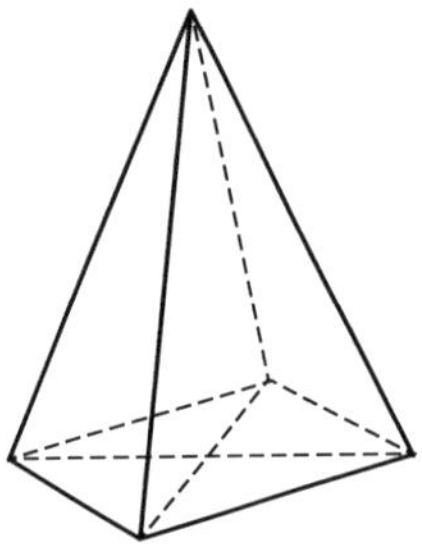

b)

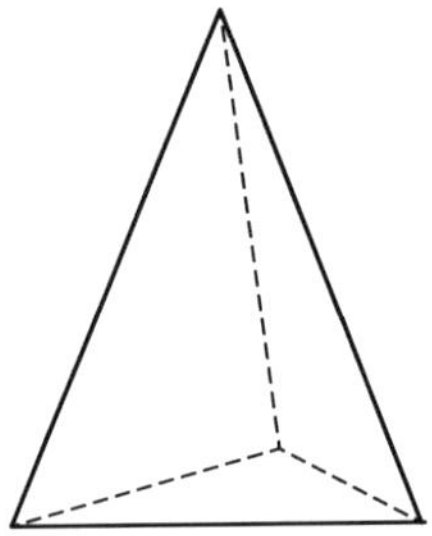

c)

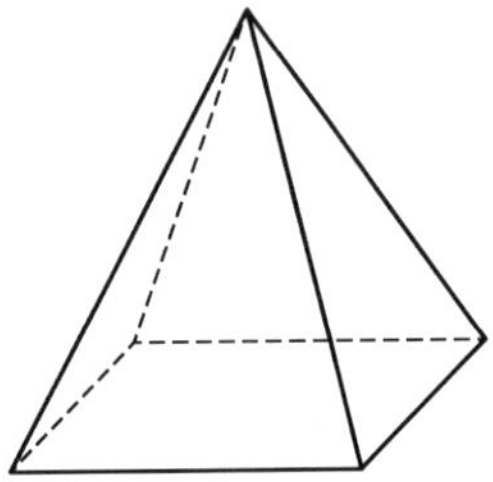

d)

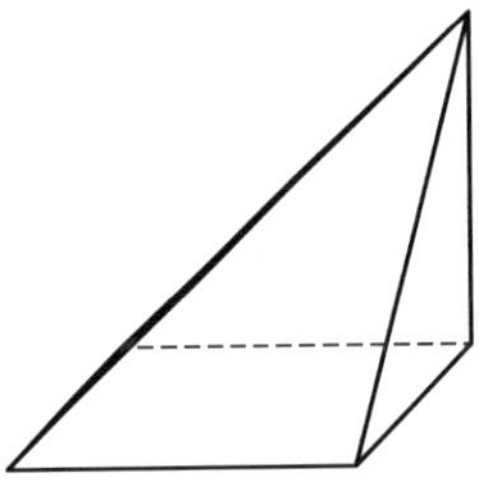

e)

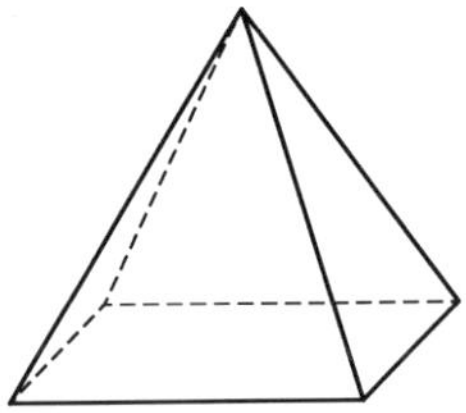

8. (1)

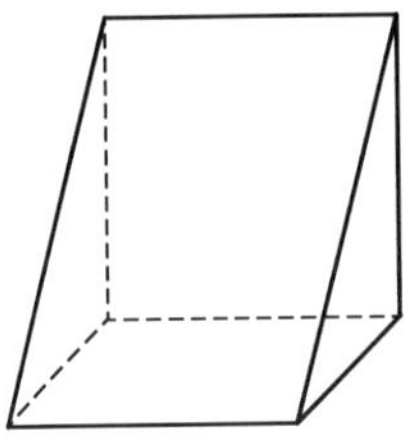

(2)

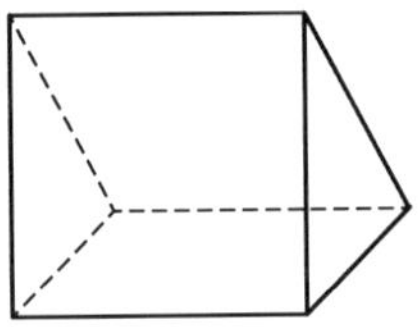

(3)

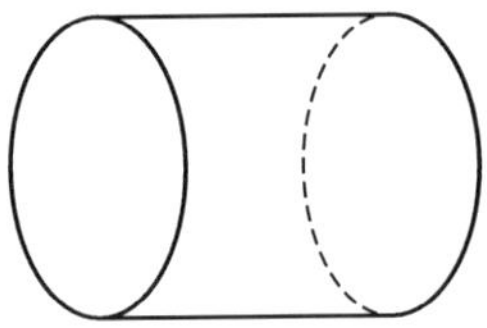

2.1 Lage von Punkten im Raum beschreiben

92 **Einstiegsaufgabe ohne Lösung**

Hinweis: Als Koordinatenursprung sollte man eine untere Ecke des Klassenraumes wählen. Zwei Schüler/innen sollten dann möglichst mit einem Maßband die Koordinaten bestimmen. Bei den Messungen ist darauf zu achten, dass das Maßband orthogonal zu den beiden Achsen am Boden bzw. bei der Höhe orthogonal zum Fußboden gehalten wird. Die Schüler/innen sollten bei den Messungen ihr Vorgehen beschreiben. Bei der Gelegenheit können die Begriffe Ursprung, Koordinaten-Achsen und Koordinaten-Ebene eingeführt werden.

94 **1. a)** A(6|4|−1); B(−2|0|1,5); C(2|5|1)

b) Die Koordinaten des Punktes D könnten beispielsweise D(4|5|0) lauten. Auch die Punkte R(2|4|−1) oder S(0|3|−2) erscheinen im Schrägbild an der Stelle D.
An der Stelle E erscheinen im Schrägbild zum Beispiel die Punkte
E(2|−2|3), T(0|−3|2), Q(−2|−4|1).

c) D(−6|0|−5); E(−4|−5|0)

95 **2. a)**

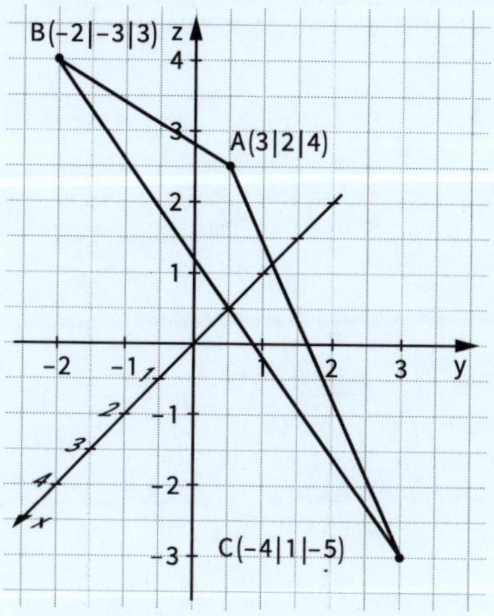

95 **2. b)**

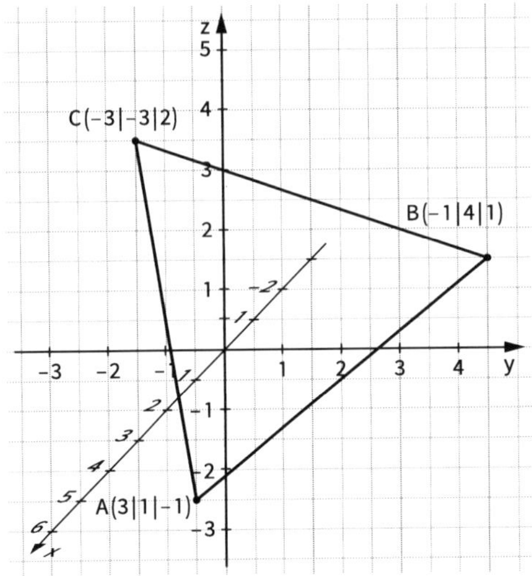

c) Zeichnet man das Koordinatensystem wie üblich, so liegen die Punkte E und F übereinander und die Gerade lässt sich nicht einzeichnen.

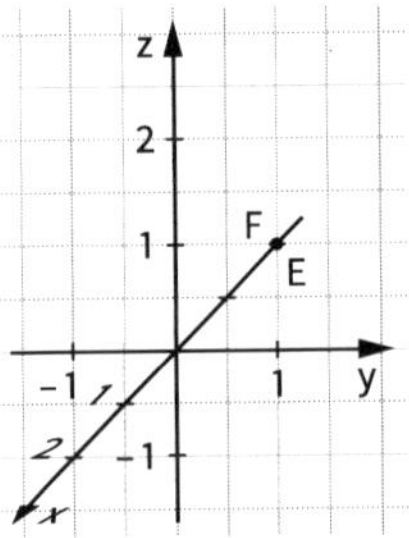

3. Lina hat das perspektivische Zeichnen beim Abtragen der y- und z-Koordinaten missachtet und dementsprechend diese zu lang gezeichnet.

4. *Beispiel*

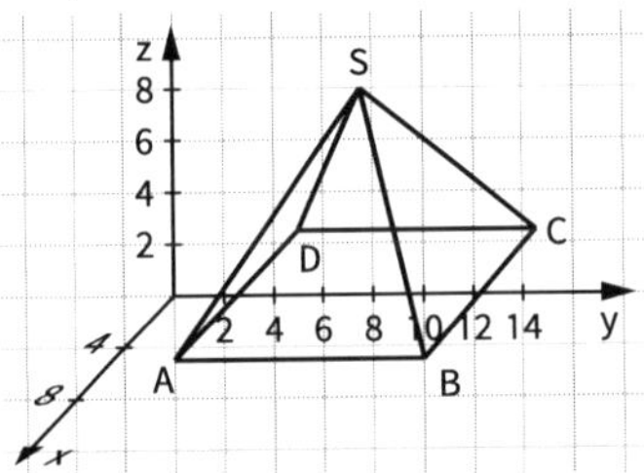

Eckpunkte:
A(5|2,5|0); B(5|12,5|0); C(−5|2,5|0); D(−5|12,5|0); S(0|7,5|8)

95

5. a) Schrägbild siehe Schülerbuch; Wahl der Achsen wie auf Seite 93.
A(4|0|0); B(4|4|0); C(0|4|0); D(0|0|0); E(4|0|6); F(4|4|6);
G(0|4|6); H(0|0|6); S(2|2|9)

b) A(2| − 2|0); B(2|2|0); C(−2|2|0); D(−2| − 2|0); E(2| − 2|6);
F(2|2|6); G(−2|2|6); H(−2| − 2|6); S(0|0|9)

c) Die z-Koordinaten sind gleich. Jeweils die x- und y-Koordinate ist bei a) um 2 Einheiten größer als bei b). Dies entspricht gerade der Verschiebung von D zu M.

6. a)

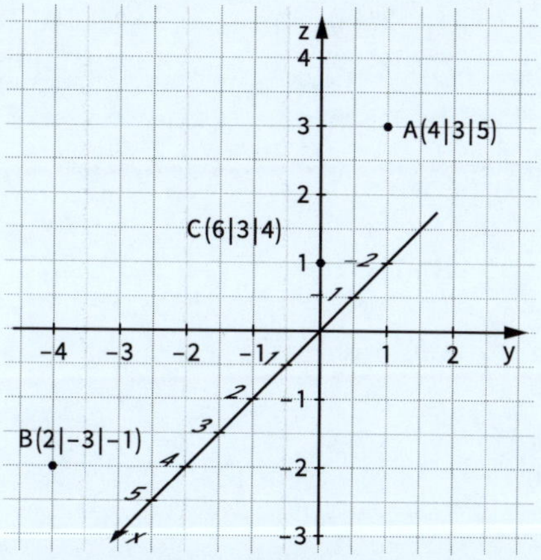

b) Punkte, die an derselben Stelle erscheinen wie Punkt
– A: z. B. (−2|0|2), (0|1|3)
– B: z. B. (4|−2|0), (−2|−5|−3)
– C: z. B. (0|0|1), (−2|−1|0)

96

7.

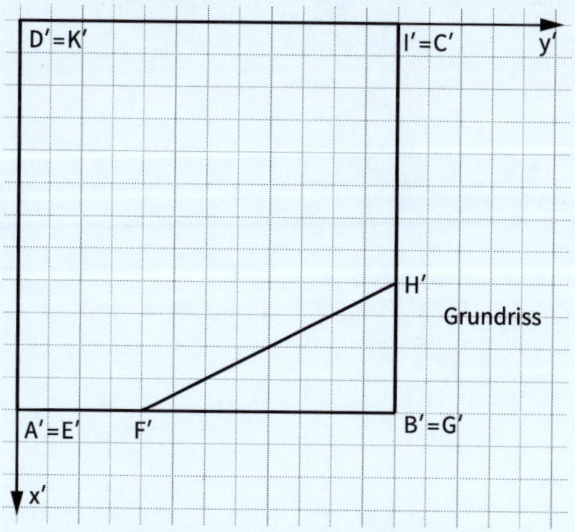

A(6|0|0); B(6|6|0); C(0|6|0); D(0|0|0); E′(6|0|0); F′(6|2|0); G′(6|6|0); H′(4|6|0);
I′(0|6|0); K′(0|0|0)
E(6|0|6); F(6|2|6); G(6|6|2); H(4|6|6); I(0|6|6); K(0|0|6)

96 **8. a)** Auf der yz-Ebene.
b) Auf der xz-Ebene.
c) Auf der xy-Ebene.
d) Auf der z-Achse.
e) Auf einer Ebene parallel zur xy-Ebene mit der z-Koordinate 3.
f) Auf einer Geraden parallel zur z-Achse durch den Punkt P(2 | 3 | 0).

9. a) A(17 | −15 | 0) B(17 | −15 | 8) C(17 | 0 | 8)
D(0 | 0 | 8) E(0 | 22 | 8) F(−12 | 22 | 8)
G(−12 | 22 | 0) H(0 | 22 | 0) I(0 | 0 | 0)
J(17 | 0 | 0)
b) xy-Ebene: A, G, H, I, J
yz-Ebene: D, E, H, I
xz-Ebene: C, D, I, J
c) A(37 | 17 | 0) B(37 | 17 | 8) C(22 | 17 | 8)
D(22 | 0 | 8) E(0 | 0 | 8) F(0 | −12 | 8)
G(0 | −12 | 0) H(0 | 0 | 0) I(22 | 0 | 0)
J(22 | 17 | 0)
xy-Ebene: A, G, H, I, J
yz-Ebene: E, F, G, H
xz-Ebene: D, E, H, I

10. Aus der Darstellung eines 3-dimensionalen Koordinatensystems auf einer 2-dimensionalen Zeichenfläche kann man nicht eindeutig die Koordinaten von Punkten ablesen, z. B. könnten die Punkte auch durch:
P(−2 | 2 | 1) und Q(1 | −2 | −1) beschrieben werden.
Erst durch weitere Informationen bzw. Lagebeziehungen kann Eindeutigkeit erreicht werden.

11. a) P′(2 | 0 | 4)
b) xy-Ebene: (2 | 3 | 0) yz-Ebene: (0 | 3 | 4)
c) Spiegelung an xz-Ebene: (2 | −3 | 4)

12. a) P′(−4 | 0 | 0); Q′(0 | 3 | 0); R′(3 | −2 | −4); S′(−8 | 5 | 3)
b) P″(−4 | 0 | 0); Q″(0 | −3 | 0); R″(3 | 2 | 4); S″(−8 | −5 | −3)
c) P‴(4 | 0 | 0); Q‴(0 | 3 | 0); R‴(−3 | −2 | 4); S‴(8 | 5 | −3)
d) P⁗(4 | 0 | 0); Q⁗(0 | −3 | 0); R⁗(−3 | 2 | −4); S⁗(8 | −5 | 3)

2.2 Vektoren

97 **Einstiegsaufgabe ohne Lösung**

Richtung x-Achse: 5 Einheiten
Richtung y-Achse: 7 Einheiten
Richtung z-Achse: 1,5 Einheiten
Die Verschiebung auf G angewandt, ergibt G'(−12 | 30,5 | 4).

99 **1.** Das Dreieck A'B'C' muss mit dem Vektor $\begin{pmatrix} -4 \\ 2 \\ 0 \end{pmatrix}$ verschoben werden.

2. Man kann jeden Vektor im Raum durch einen Quader mit den Seitenlängen aus den Verschiebungskoordinaten darstellen.
Der Quader hat rechte Winkel, sodass die Länge des Vektors durch zweimalige Anwendung des Satzes des Pythagoras berechnet werden kann:

$d^2 = 5^2 + 7^2 = 74$

$|\vec{v}|^2 = d^2 + (1{,}5)^2 = 76{,}25$

$\overline{AA'} = |\vec{v}| = \sqrt{76{,}25} \approx 8{,}7$

100 **3.** **a)** A'(11 | 7 | 1)
b) A'(10,6 | 5,4 | −10,9)
c) A'(6 | 4 | −3)
d) A'(0 | 0 | 0)

4. **a)**

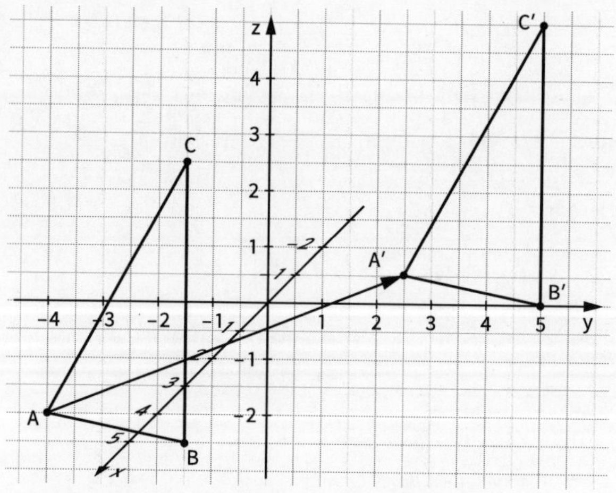

b) Das Dreieck wurde mit dem Vektor $\vec{v} = \begin{pmatrix} -3 \\ 5 \\ 1 \end{pmatrix}$ verschoben.
Der Gegenvektor ist $-\vec{v} = \begin{pmatrix} 3 \\ -5 \\ -1 \end{pmatrix}$.

5. (1) $-\vec{v} = \begin{pmatrix} -1 \\ 2 \\ -3 \end{pmatrix}$ (2) $-\vec{v} = \begin{pmatrix} 2 \\ 0 \\ -1 \end{pmatrix}$ (3) $-\vec{v} = \begin{pmatrix} -r \\ s \\ -t \end{pmatrix}$ (4) $-\vec{v} = \begin{pmatrix} 0 \\ 0 \\ 0 \end{pmatrix}$

100 **6. a)** Z. B.

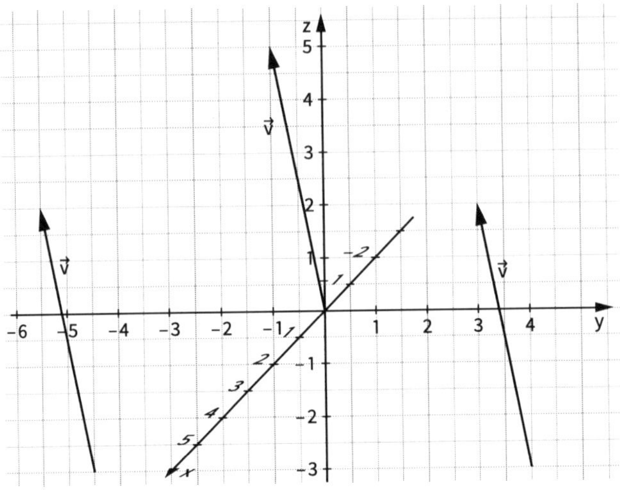

b) A′(−1 | 2 | 5); B(−4 | 20 | −26)

c) Q um $\vec{v}$ verschoben gibt Q′(8 | 11 | 4) ≠ P(8 | 11 | −4)
P ist kein Bildpunkt von Q unter $\vec{v}$.

7. a) Q(9 | −6 | 24)

b) P(−3 | 13 | 18)

c) Q(−4 | −1 | −8)

d) P(q + 3 | q − 7 | 3q + 3)

8. a) $\overrightarrow{OA} = \begin{pmatrix} 4 \\ 0 \\ 0 \end{pmatrix}$; $\overrightarrow{OB} = \begin{pmatrix} 4 \\ 6 \\ 0 \end{pmatrix}$; $\overrightarrow{OC} = \begin{pmatrix} 0 \\ 6 \\ 0 \end{pmatrix}$; $\overrightarrow{OD} = \begin{pmatrix} 0 \\ 0 \\ 0 \end{pmatrix}$; $\overrightarrow{OE} = \begin{pmatrix} 4 \\ 0 \\ 4 \end{pmatrix}$; $\overrightarrow{OF} = \begin{pmatrix} 4 \\ 6 \\ 4 \end{pmatrix}$; $\overrightarrow{OG} = \begin{pmatrix} 0 \\ 6 \\ 4 \end{pmatrix}$; $\overrightarrow{OH} = \begin{pmatrix} 0 \\ 0 \\ 4 \end{pmatrix}$

b) Zum selben Vektor gehören
- $\overrightarrow{DC}$; $\overrightarrow{AB}$ und $\overrightarrow{EF}$
- $\overrightarrow{HF}$ und $\overrightarrow{DB}$

101 **9. a)** Es gibt 5 verschiedene Vektoren.
$\overrightarrow{AB} = \overrightarrow{DE}$; $\overrightarrow{AC}$; $\overrightarrow{BC} = \overrightarrow{EF}$; $\overrightarrow{AD} = \overrightarrow{CF} = \overrightarrow{BE}$; $\overrightarrow{FD}$

b) $\overrightarrow{AC} = \overrightarrow{JL}$; $\overrightarrow{AB} = \overrightarrow{IL}$; $\overrightarrow{BC} = \overrightarrow{ED} = \overrightarrow{GH} = \overrightarrow{JI}$; $\overrightarrow{IJ} = \overrightarrow{HG} = \overrightarrow{DE} = \overrightarrow{CB}$; $\overrightarrow{CG} = \overrightarrow{DJ}$

10. a) $\vec{a} = \overrightarrow{AB} = \overrightarrow{ED} = \overrightarrow{FM} = \overrightarrow{MC}$
$\vec{b} = \overrightarrow{BM} = \overrightarrow{ME} = \overrightarrow{CD} = \overrightarrow{AF}$
$\vec{d} = \overrightarrow{DM} = \overrightarrow{MA} = \overrightarrow{EF} = \overrightarrow{CB}$

b) Da es sich bei ABCDEF um ein regelmäßiges Sechseck handelt, sind alle angegebenen Vektoren gleich lang, es gilt also $|\vec{a}| = |\vec{b}| = |\vec{d}|$.

11. a) $\vec{v} = \begin{pmatrix} 7 \\ -6 \\ -4 \end{pmatrix}$; $|\vec{v}| = \sqrt{101} \approx 10{,}05$

b) $\vec{v} = \begin{pmatrix} 3 \\ -4 \\ 3 \end{pmatrix}$; $|\vec{v}| = \sqrt{34} \approx 5{,}83$

c) $\vec{v} = \begin{pmatrix} 19 \\ -9 \\ 11 \end{pmatrix}$; $|\vec{v}| = \sqrt{563} \approx 23{,}73$

d) $\vec{v} = \begin{pmatrix} 8 \\ -8 \\ 8 \end{pmatrix}$; $|\vec{v}| = \sqrt{192} \approx 13{,}86$

101

12. Max hat die einzelnen Einträge des Vektors nicht quadriert.
Laura dagegen hat zwar den ersten und dritten Eintrag des Vektors quadriert, beim zweiten Eintrag allerdings das Minus nicht ins Quadrat gesetzt. Die richtige Lösung lautet:
$|\vec{v}| = \sqrt{4^2 + (-2)^2 + 3^2} = \sqrt{29} \approx 5{,}39$

13. a) $b_3 = 7$ oder $b_3 = 3$
b) $a_2 = 0$ oder $a_2 = 6$
c) $b_1 = 6 + \sqrt{6}$; $b_1 = 6 - \sqrt{6}$
d) $b_2 = 23$ oder $b_2 = 19$

14. a) P wird auf den Bildpunkt P′(1 | −3 | −8) abgebildet. Es gilt:
$\overrightarrow{PP'} = \begin{pmatrix} 0 \\ 0 \\ -16 \end{pmatrix}$ und $|\overrightarrow{PP'}| = \sqrt{0^2 + 0^2 + (-16)^2} = 16$

b) A wird auf den Punkt A′(−4 | 5 | 0) abgebildet. Es gilt:
$\overrightarrow{AA'} = \begin{pmatrix} 0 \\ 0 \\ -9 \end{pmatrix}$ und $|\overrightarrow{AA'}| = \sqrt{0^2 + 0^2 + (-9)^2} = 9.$

2.3 Addition und Subtraktion von Vektoren

102

Einstiegsaufgabe ohne Lösung

- Die erste Verschiebung lässt sich durch den Vektor $\vec{v} = \begin{pmatrix} 10 \\ -7 \\ -5 \end{pmatrix}$, die zweite durch den Vektor $\vec{w} = \begin{pmatrix} -8 \\ -6 \\ 8 \end{pmatrix}$ beschreiben.
- Bei der Verschiebung mit dem Vektor $\vec{v}$ ändert sich die erste Koordinate von A um 10. Wird anschließend der Bildpunkt A′ mit dem Vektor $\vec{w}$ verschoben, dann wird die erste Koordinate von A′ um −8 verändert. Insgesamt ändert sich bei der Hintereinanderausführung der beiden Verschiebungen die erste Koordinate von A um $10 + (-8)$, also um 2. Entsprechend ändert sich die zweite Koordinate von A um $-7 + (-6) = -13$ und die dritte um $-5 + 8 = 3$. Dies gilt für jeden Punkt des Containers.

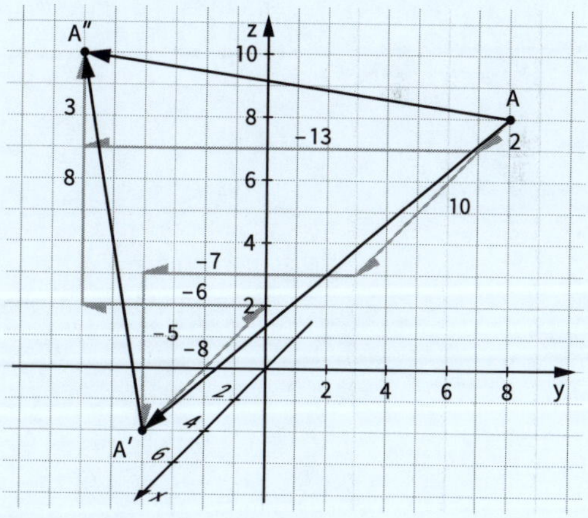

Die Hintereinanderausführung zweier Verschiebungen ist wieder eine Verschiebung.
Der Vektor $\vec{z}$ der Hintereinanderausführung hat somit die Koordinaten $\begin{pmatrix} 2 \\ -13 \\ 3 \end{pmatrix}$.
Offensichtlich erhält man die Koordinaten des Vektors $\vec{z}$, indem man die Koordinaten von $\vec{w}$ zu den Koordinaten des Vektors $\vec{v}$ addiert, also $\vec{z} = \begin{pmatrix} 10 + (-8) \\ -7 + (-6) \\ -5 + 8 \end{pmatrix} = \begin{pmatrix} 2 \\ -13 \\ 3 \end{pmatrix}$.

104

1. $\overrightarrow{AB} = \begin{pmatrix} 1-4 \\ 5-2 \\ -1-(-1) \end{pmatrix}$, also

$\overline{AB} = |\overrightarrow{AB}| = \sqrt{(1-4)^2 + (5-2)^2 + (-1-(-1))^2} = \sqrt{18} \approx 4{,}24$

$\overrightarrow{AC} = \begin{pmatrix} 1-4 \\ 2-2 \\ 2-(-1) \end{pmatrix}$, also

$\overline{AC} = |\overrightarrow{AC}| = \sqrt{(1-4)^2 + (2-2)^2 + (2-(-1))^2} = \sqrt{18} \approx 4{,}24$

$\overrightarrow{BC} = \begin{pmatrix} 1-1 \\ 2-5 \\ 2-(-1) \end{pmatrix}$, also

$\overline{BC} = |\overrightarrow{BC}| = \sqrt{(1-1)^2 + (2-5)^2 + (2-(-1))^2} = \sqrt{18} \approx 4{,}24$

Es handelt sich also um ein gleichseitiges Dreieck.

2. **a)** $\begin{pmatrix} 2 \\ 3 \\ 5 \end{pmatrix} + \begin{pmatrix} 1 \\ 4 \\ -4 \end{pmatrix} = \begin{pmatrix} 3 \\ 7 \\ 1 \end{pmatrix}$

b) $\begin{pmatrix} 6 \\ 9 \\ 3 \end{pmatrix} + \begin{pmatrix} -9 \\ -5 \\ 4 \end{pmatrix} = \begin{pmatrix} -3 \\ 4 \\ 7 \end{pmatrix}$

c) $\begin{pmatrix} 8 \\ -5 \\ 3 \end{pmatrix} + \begin{pmatrix} -6 \\ -1 \\ -3 \end{pmatrix} = \begin{pmatrix} 2 \\ -6 \\ 0 \end{pmatrix}$

d) $\begin{pmatrix} -3 \\ 2 \\ -4 \end{pmatrix} + \begin{pmatrix} -1 \\ -4 \\ 6 \end{pmatrix} + \begin{pmatrix} 2 \\ 5 \\ -3 \end{pmatrix} = \begin{pmatrix} -2 \\ 3 \\ -1 \end{pmatrix}$

e) $\begin{pmatrix} 1 \\ 2 \\ 4 \end{pmatrix} - \begin{pmatrix} 3 \\ -1 \\ -1 \end{pmatrix} = \begin{pmatrix} -2 \\ 3 \\ 5 \end{pmatrix}$

f) $\begin{pmatrix} -3 \\ 2 \\ 1 \end{pmatrix} - \begin{pmatrix} 6 \\ -8 \\ -9 \end{pmatrix} = \begin{pmatrix} -9 \\ 10 \\ 10 \end{pmatrix}$

g) $\begin{pmatrix} 1 \\ -2 \\ 3 \end{pmatrix} - \begin{pmatrix} 5 \\ 4 \\ -2 \end{pmatrix} = \begin{pmatrix} -4 \\ -6 \\ 5 \end{pmatrix}$

h) $\begin{pmatrix} -3 \\ 5 \\ -2 \end{pmatrix} - \begin{pmatrix} -7 \\ -1 \\ 3 \end{pmatrix} - \begin{pmatrix} 3 \\ -2 \\ -4 \end{pmatrix} = \begin{pmatrix} 1 \\ 8 \\ -1 \end{pmatrix}$

i) $\begin{pmatrix} 0 \\ 7 \\ 3 \end{pmatrix} - \begin{pmatrix} -2 \\ -3 \\ 1 \end{pmatrix} + \begin{pmatrix} 1 \\ -2 \\ -4 \end{pmatrix} = \begin{pmatrix} 3 \\ 8 \\ -2 \end{pmatrix}$

105

3.

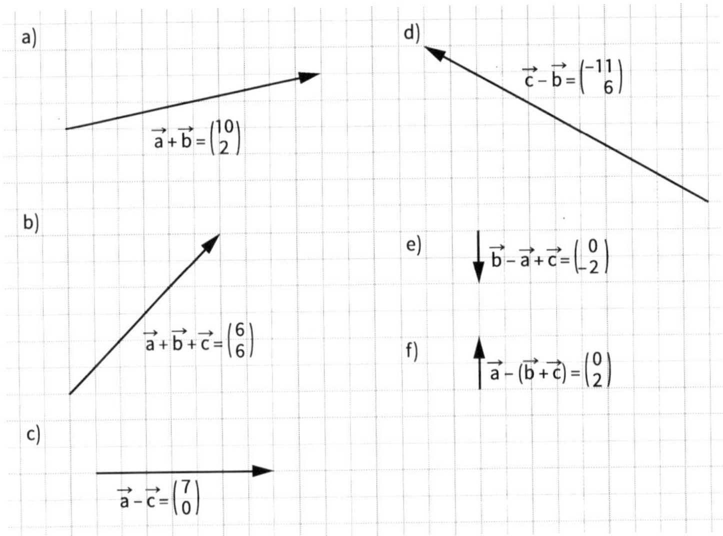

4. **a)** $\vec{a} + \vec{b} = \overrightarrow{AC} = \overrightarrow{EG}$

b) $\vec{a} - \vec{b} = \overrightarrow{DB} = \overrightarrow{HF}$

c) $\vec{b} - \vec{a} = \overrightarrow{BD} = \overrightarrow{FH}$

d) $\vec{a} - \vec{c} = \overrightarrow{EB} = \overrightarrow{HC}$

e) $\vec{b} + \vec{c} = \overrightarrow{AH} = \overrightarrow{BG}$

f) $\vec{b} - \vec{c} = \overrightarrow{ED} = \overrightarrow{FC}$

g) $\vec{a} + \vec{b} + \vec{c} = \overrightarrow{AG}$

h) $\vec{a} - (\vec{b} + \vec{c}) = \overrightarrow{AB} - \overrightarrow{AH} = \overrightarrow{HB}$

105

5. $\overrightarrow{AC} = -\vec{u}$, $\overrightarrow{AD} = -\vec{u} + \vec{s}$, $\overrightarrow{AE} = \vec{r} + \vec{t}$, $\overrightarrow{BA} = -\vec{r}$, $\overrightarrow{BC} = -\vec{r} - \vec{u}$,
$\overrightarrow{BD} = -\vec{r} - \vec{u} + \vec{s}$, $\overrightarrow{CB} = \vec{u} + \vec{r}$, $\overrightarrow{CE} = \vec{u} + \vec{r} + \vec{t}$, $\overrightarrow{DA} = -\vec{s} + \vec{u}$,
$\overrightarrow{DB} = -\vec{s} + \vec{u} + \vec{r}$, $\overrightarrow{DE} = -\vec{s} + \vec{u} + \vec{r} + \vec{t}$

6. a) $|\overrightarrow{AB}| = \sqrt{(8-(-3))^2 + (-3-5)^2 + (0-2)^2} = \sqrt{189} \approx 13{,}75$
b) $|\overrightarrow{AB}| = \sqrt{(3-6)^2 + (0-6)^2 + (-2-6)^2} = \sqrt{109} \approx 10{,}44$
c) $|\overrightarrow{AB}| = \sqrt{(-4-0)^2 + (3-0)^2 + (-5-0)^2} = \sqrt{50} \approx 7{,}07$
d) $|\overrightarrow{AB}| = \sqrt{(3-(-2))^2 + (-5-(-1))^2 + (2-(-5))^2} = \sqrt{90} \approx 9{,}49$

7. a) $|\overrightarrow{AB}| = \sqrt{(2-0)^2 + (-2-0)^2 + (7-3)^2}$
$= \sqrt{24} \approx 4{,}9$

$|\overrightarrow{BC}| = \sqrt{(0-2)^2 + (-4-(-2))^2 + (4-7)^2}$
$= \sqrt{17} \approx 4{,}1$

$|\overrightarrow{AC}| = \sqrt{(2-2)^2 + (-2-2)^2 + (4-3)^2}$
$= \sqrt{17} \approx 4{,}12$

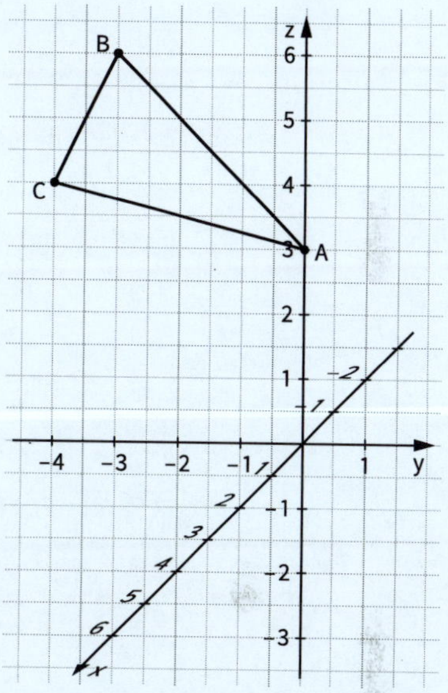

b) $|\overrightarrow{AB}| = \sqrt{(0-4)^2 + (-3-1)^2 + (1-0)^2}$
$= \sqrt{33} \approx 5{,}74$

$|\overrightarrow{BC}| = \sqrt{(6-0)^2 + (-1-(-3))^2 + (2-1)^2}$
$= \sqrt{41} \approx 6{,}4$

$|\overrightarrow{AC}| = |\overrightarrow{AB} + \overrightarrow{BC}|$
$= \sqrt{(-4+6)^2 + (-4+2)^2 + (1+1)^2}$
$= \sqrt{12} \approx 3{,}46$

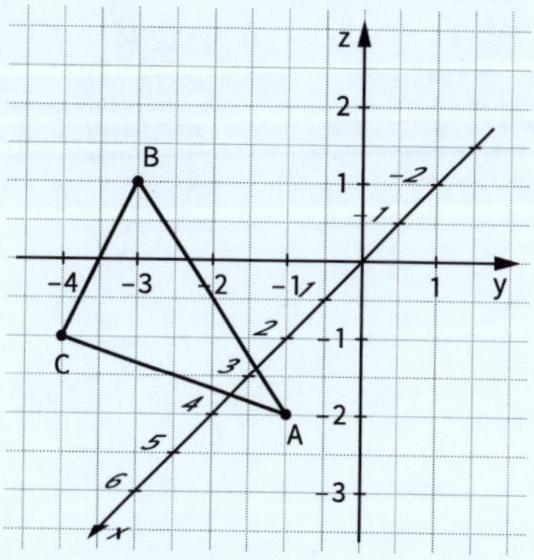

8. Die Überlegung ist falsch. Nach der Dreiecksregel kann man nur einen inneren gemeinsamen Punkt streichen.

105 **9.** **a)** $\overrightarrow{AB}+\overrightarrow{BC}+\overrightarrow{CD}=\overrightarrow{AC}+\overrightarrow{CD}=\overrightarrow{AD}$

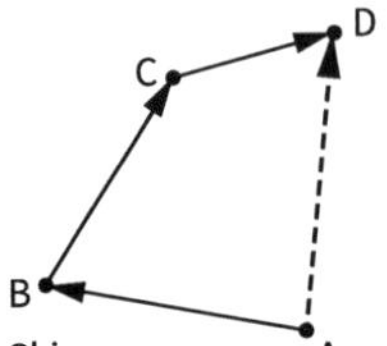

Skizze

b) $\overrightarrow{AB}-\overrightarrow{CB}+\overrightarrow{CA}=\overrightarrow{AB}+\overrightarrow{BC}+\overrightarrow{CA}=\overrightarrow{AC}+\overrightarrow{CA}=\vec{o}$

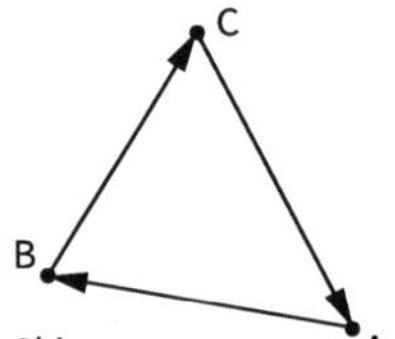

Skizze

c) $\overrightarrow{RS}+\overrightarrow{SR}=\overrightarrow{RR}=\vec{o}$

Skizze

d) $\overrightarrow{RP}-\left(\overrightarrow{RP}-\overrightarrow{PQ}\right)+\overrightarrow{QS}$
$=\overrightarrow{RP}-\overrightarrow{RP}+\overrightarrow{PQ}+\overrightarrow{QS}=\vec{o}+\overrightarrow{PS}=\overrightarrow{PS}$

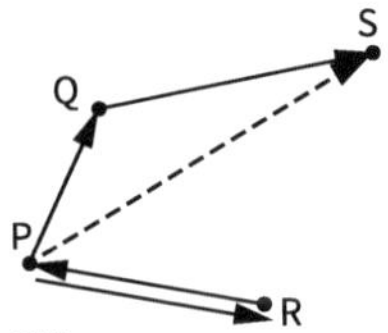

Skizze

e) $\overrightarrow{FG}+\overrightarrow{GH}-\overrightarrow{FI}=\overrightarrow{FH}-\overrightarrow{FI}=\overrightarrow{IH}$

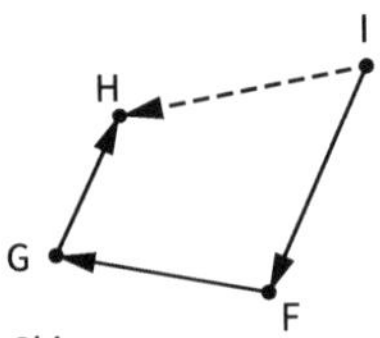

Skizze

f) $\overrightarrow{PQ}-\left(\overrightarrow{SR}-\overrightarrow{QR}\right)+\overrightarrow{SP}=\overrightarrow{PQ}-\overrightarrow{SR}+\overrightarrow{QR}+\overrightarrow{SP}$
$=\overrightarrow{PQ}+\overrightarrow{QR}-\overrightarrow{SR}+\overrightarrow{SP}$
$=\overrightarrow{PR}+\overrightarrow{RS}+\overrightarrow{SP}=\overrightarrow{PS}+\overrightarrow{SP}=\vec{o}$

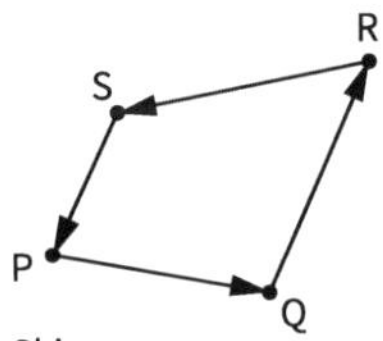

Skizze

105 **10. a)** C(0|2|7); D(3|−1|2)

b) Seiten als Vektoren darstellbar:

$\overrightarrow{AB} = \begin{pmatrix} -5 \\ 4 \\ 5 \end{pmatrix}$ $\quad |\overrightarrow{AB}| = \sqrt{66} \approx 8{,}12$

$\overrightarrow{BC} = \begin{pmatrix} 2 \\ -3 \\ 4 \end{pmatrix}$ $\quad |\overrightarrow{BC}| = \sqrt{29} \approx 5{,}39$

$\overrightarrow{DC} = \begin{pmatrix} -3 \\ 3 \\ 5 \end{pmatrix}$ $\quad |\overrightarrow{DC}| = \sqrt{43} \approx 6{,}56$

$\overrightarrow{AD} = \begin{pmatrix} 0 \\ -2 \\ 4 \end{pmatrix}$ $\quad |\overrightarrow{AD}| = \sqrt{20} \approx 4{,}47$

Das Viereck ABCD ist kein Parallelogramm!

Gründe: 1) $\overrightarrow{AB} \neq \overrightarrow{CD}$

2) $\overrightarrow{BC} \neq \overrightarrow{AD}$

106 **11. a)**

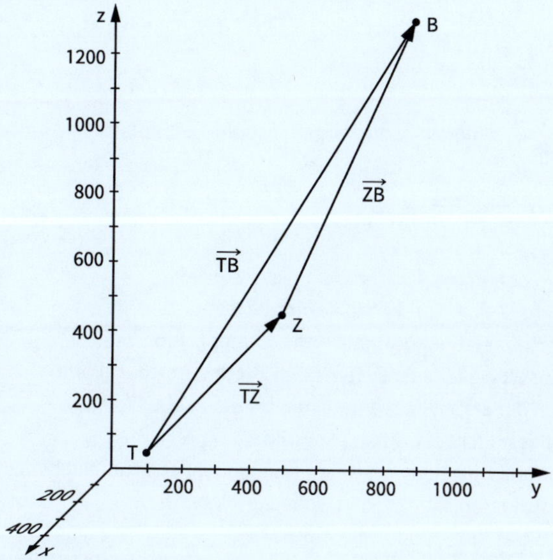

$\overrightarrow{TB} = \begin{pmatrix} 1725 \\ 1649 \\ 2116 \end{pmatrix}$

b) $\overrightarrow{Z_{neu}B} = \begin{pmatrix} 1237 \\ 1115 \\ 1471 \end{pmatrix}$

c) Es gilt: $|\overrightarrow{TZ}| + |\overrightarrow{ZB}| \approx 1\,113{,}13 + 2\,086{,}46 = 3\,199{,}59$

$|\overrightarrow{TZ_{neu}}| + |\overrightarrow{Z_{neu}B}| \approx 969{,}19 + 2\,222 = 3\,191{,}19$

Vor der Verlegung der Zwischenstation war der Weg von der Tal- zur Bergstation 3 199,59 m lang. Nach der Verlegung ist der Weg mit 3 191,19 m Länge etwas kürzer.

12. a) T(375|251|1 314)

b) $|\vec{v}| = \sqrt{150^2 + 600^2 + 1\,200^2} = 1\,350$,

In den ersten 5 Minuten erreicht der Ballon eine Durchschnittsgeschwindigkeit von $\frac{1{,}350\text{ m}}{5\text{ min}} = 270\,\frac{\text{m}}{\text{min}} = 16{,}2\,\frac{\text{km}}{\text{h}}$.

106 **13. a)** in Richtung x: –4 Einheiten
in Richtung y: 14 Einheiten
in Richtung z: – 12 Einheiten $\left.\right\} \begin{pmatrix} -4 \\ 14 \\ -12 \end{pmatrix}$

b) H'(74|42|91)

c) $\sqrt{356} \approx 18{,}87$

2.4 Vervielfachen von Vektoren

108 **1. a)** $\begin{pmatrix} -2 \\ 10 \\ 14 \end{pmatrix}$ **b)** $\begin{pmatrix} 3 \\ -6 \\ 4{,}5 \end{pmatrix}$ **c)** $\begin{pmatrix} -2 \\ 0 \\ -2{,}5 \end{pmatrix}$ **d)** $\begin{pmatrix} -6 \\ -3 \\ 15 \end{pmatrix}$ **e)** $\begin{pmatrix} 5 \\ -7{,}5 \\ 6{,}25 \end{pmatrix}$

2. Mehrere Lösungen immer möglich; einfache Beispiele:

a) $\vec{a} = \frac{1}{6} \cdot \begin{pmatrix} 4 \\ -6 \\ 3 \end{pmatrix}$

b) $\vec{a} = \frac{1}{12} \cdot \begin{pmatrix} -48 \\ -9 \\ 4 \end{pmatrix}$

c) $\vec{a} = 6 \cdot \begin{pmatrix} 3 \\ -2 \\ 4 \end{pmatrix}$; hier wäre die Aufgabenstellung ebenfalls eine Lösung.

d) $\vec{a} = \frac{1}{6} \cdot \begin{pmatrix} -3 \\ 120 \\ 4 \end{pmatrix}$

3. (1) Wegen der ersten Koordinate müsste der Faktor (– 1) sein.
Dies passt nicht zur dritten Koordinate.

(2) Wegen der ersten Koordinate müsste der Faktor $\frac{1}{2}$ sein.
Dies passt weder zur zweiten noch zur dritten Koordinate.

(3) Wegen der ersten Koordinate müsste der Faktor $\frac{1}{2}$ sein.
Dies passt nicht zur dritten Koordinate.

(4) Da $\vec{a}$ und $\vec{b}$ die gleiche z-Koordinate haben, aber unterschiedliche x- und y-Koordinaten, kann $\vec{b}$ kein Vielfaches von $\vec{a}$ sein.

109 **4. a)** $\vec{b} = \begin{pmatrix} \frac{2}{3} \\ \frac{-1}{3} \\ \frac{2}{3} \end{pmatrix}$ **c)** $\vec{b} = \frac{1}{\sqrt{106}} \begin{pmatrix} 9 \\ 0 \\ 5 \end{pmatrix}$

b) $\vec{b} = \frac{1}{5\sqrt{2}} \begin{pmatrix} 5 \\ 3 \\ -4 \end{pmatrix}$ **d)** $\vec{b} = \frac{1}{\sqrt{2}} \begin{pmatrix} 1 \\ 0 \\ 1 \end{pmatrix}$

Es gibt jeweils nur eine Lösung.

5. $\vec{b} = 2 \cdot \begin{pmatrix} -2 \\ 5 \\ 4 \end{pmatrix} = 2 \cdot \vec{d}$;

$\vec{b}$ und $\vec{d}$ sind parallel zueinander.

$\vec{c} = -1{,}2 \cdot \begin{pmatrix} 2 \\ -5 \\ 4 \end{pmatrix} = -1{,}2 \cdot \vec{a}$; $\vec{e} = 150 \cdot \begin{pmatrix} 2 \\ -5 \\ 4 \end{pmatrix} = 150 \cdot \vec{a}$;

$\vec{a}, \vec{c}$ und $\vec{e}$ sind parallel zueinander.

109 **6.**

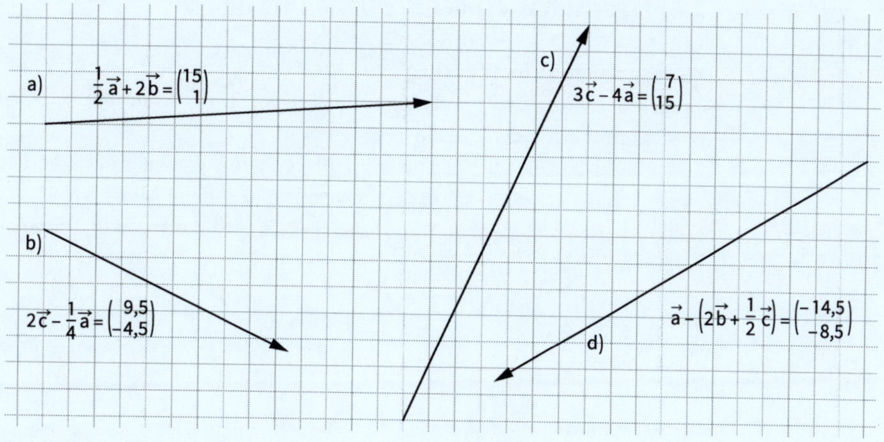

7. (1) $\frac{1}{2}\vec{a} + \frac{1}{2}\vec{b}$ (2) $-\vec{a} + \vec{b}$ (3) $\vec{a}$ (4) $\frac{1}{2}\vec{b}$

8. $\overrightarrow{AM_1} = \vec{a} + \frac{1}{2}\vec{b} + \frac{1}{2}\vec{c}$ $\overrightarrow{M_1M_2} = \frac{1}{2}\vec{b} - \frac{1}{2}\vec{a}$

$\overrightarrow{HM_3} = \frac{1}{2}\vec{a} - \vec{b} - \frac{1}{2}\vec{c}$ $\overrightarrow{M_2A} = -\frac{1}{2}\vec{c} - \frac{1}{2}\vec{a} - \vec{b}$

9. $\overrightarrow{MS} = -\frac{1}{2}\left(\vec{a} + \vec{b}\right) + \vec{c}$ $\overrightarrow{CS} = -\left(\vec{a} + \vec{b}\right) + \vec{c}$ $\overrightarrow{SB} = \vec{a} - \vec{c}$

10. $\overrightarrow{AB} = \begin{pmatrix} -12 \\ 12 \\ -4 \end{pmatrix}$, $\overrightarrow{OM} = \overrightarrow{OA} + \frac{1}{2}\overrightarrow{AB} = \begin{pmatrix} 3 \\ -4 \\ 7 \end{pmatrix} + \begin{pmatrix} -6 \\ 6 \\ -2 \end{pmatrix} = \begin{pmatrix} -3 \\ 2 \\ 5 \end{pmatrix}$

Der Mittelpunkt M der Strecke $\overline{AB}$ liegt bei M(−3|2|5).

Für den Mittelpunkt M einer Strecke $\overline{AB}$ gilt allgemein:

$$\overrightarrow{OM} = \overrightarrow{OA} + \frac{1}{2}\overrightarrow{AB} = \overrightarrow{OA} + \frac{1}{2}\left(\overrightarrow{AO} + \overrightarrow{OB}\right) = \overrightarrow{OA} + \frac{1}{2}\left(-\overrightarrow{OA} + \overrightarrow{OB}\right)$$
$$= \frac{1}{2}\overrightarrow{OA} + \frac{1}{2}\overrightarrow{OB} = \frac{1}{2}\left(\overrightarrow{OA} + \overrightarrow{OB}\right)$$

11. $\overrightarrow{AB} = \begin{pmatrix} -6 \\ 4 \\ 2 \end{pmatrix}$; $\overrightarrow{AC} = \begin{pmatrix} 4 \\ -6 \\ -2 \end{pmatrix}$; $\overrightarrow{BC} = \begin{pmatrix} 10 \\ -10 \\ -4 \end{pmatrix}$ $M_a(1|0|4)$; $M_b(4|-2|3)$; $M_c(-1|3|5)$

$\overrightarrow{M_aM_b} = \begin{pmatrix} -3 \\ -2 \\ -1 \end{pmatrix} = -\frac{1}{2}\overrightarrow{AB}$

$\overrightarrow{M_aM_c} = \begin{pmatrix} -2 \\ 3 \\ 1 \end{pmatrix} = -\frac{1}{2}\overrightarrow{AC}$

$\overrightarrow{M_bM_c} = \begin{pmatrix} -5 \\ 5 \\ 2 \end{pmatrix} = -\frac{1}{2}\overrightarrow{BC}$

Jede Seite des Mittendreiecks $M_aM_bM_c$ ist parallel zur gegenüberliegenden Seite des Dreiecks ABC und halb so lang wie diese. Die Dreiecke ABC und $M_aM_bM_c$ sind ähnlich zueinander.

2.5 Eigenschaften der Rechenoperationen

110

Einstiegsaufgabe ohne Lösung

Paula ermittelt zunächst den Summenvektor von $\vec{b}+\vec{c}$. Dann vervielfacht sie diesen Summenvektor mit 2, indem sie die Länge verdoppelt.

Tim vervielfacht zunächst die beiden Vektoren $\vec{b}$ und $\vec{c}$ jeweils mit 2, verdoppelt also deren Länge. Dann ermittelt er den Summenvektor $2\cdot\vec{b}+2\cdot\vec{c}$.

Beide erhalten den gleichen Vektor als Ergebnis. Es gilt also ein Distributivgesetz für Vektoren.

1. **a)** $4\cdot\vec{a}+3\cdot\vec{b}$ **b)** $-2\cdot\vec{b}-2\cdot\vec{c}$ **c)** $\vec{b}-\vec{a}$ **d)** $6\cdot\vec{a}-3\cdot\vec{b}$ **e)** $5\cdot\vec{x}+7\cdot\vec{y}$ **f)** $4\cdot\vec{t}+\vec{u}$

2. **a)** $\vec{x}=37\cdot\vec{a}-15\cdot\vec{b}+46\cdot\vec{c}$ **b)** $\vec{x}=\frac{13}{12}\cdot\vec{a}-4\cdot\vec{b}-\frac{2}{3}\cdot\vec{c}$

3. **a)** $\overrightarrow{AD}$ **b)** $\vec{o}$ **c)** $\vec{o}$ **d)** $\overrightarrow{PS}$

2.6 Lineare Abhängigkeit und Unabhängigkeit

111

Einstiegsaufgabe ohne Lösung

$\vec{p}=\overrightarrow{OP}=\vec{u}+2\cdot\vec{v}$

$\overrightarrow{QP}$ kann nicht mithilfe der Vektoren u und v beschrieben werden. Es gibt keine Linearkombination, um $\overrightarrow{QP}$ auszudrücken, da ein Vektor in Tiefenrichtung fehlt.

113

1. Voraussetzung: $r\vec{a}+s\vec{b}+t\vec{c}=\vec{o}$ nur für $r=s=t=0$

Beweis durch Widerspruch:

Annahme: $\vec{a}, \vec{b}, \vec{c}$ linear abhängig

$\Rightarrow$ Z.B. $\vec{a}=s\vec{b}+t\vec{c}$ für mindestens einen Parameter ungleich 0.

$\Rightarrow$ $\vec{o}=-1\cdot\vec{a}+s\vec{b}+t\vec{c}$ für mindestens einen Parameter s, t ungleich 0

Widerspruch zur Voraussetzung

$\Rightarrow$ $\vec{a}, \vec{b}, \vec{c}$ linear unabhängig

2. **a)** $\begin{pmatrix} 4 \\ -3 \\ 17 \end{pmatrix}$ **b)** $\begin{pmatrix} -10 \\ -3 \\ -9{,}5 \end{pmatrix}$ **c)** $\begin{pmatrix} -1{,}5 \\ 4{,}25 \\ 0 \end{pmatrix}$

113

3. a)

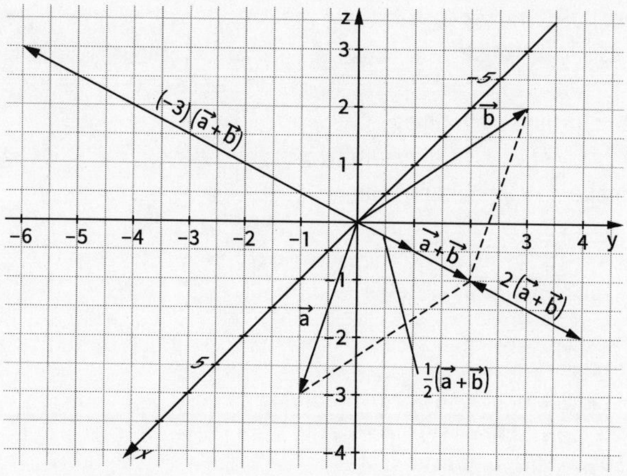

b)

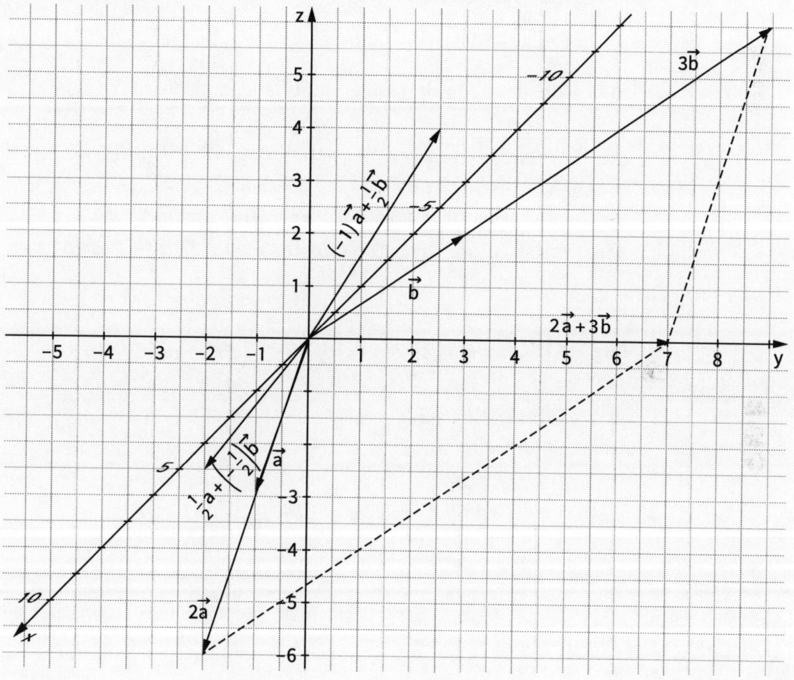

4. (1) $\vec{b}-\frac{1}{2}\cdot\vec{a}$ (2) $\vec{b}+\frac{1}{2}\cdot\vec{a}$ (3) $\vec{a}-\vec{b}$ (4) $-\frac{3}{4}\cdot\vec{a}-\frac{1}{2}\cdot\vec{b}$ (5) $\frac{1}{2}\cdot\vec{b}-\vec{a}$ (6) $-\frac{3}{4}\cdot\vec{a}$ (7) $-\frac{1}{4}\cdot\vec{a}-\frac{1}{2}\cdot\vec{b}$ (8) $\frac{3}{4}\cdot\vec{a}-\vec{b}$

5. (1) $\vec{a}+\vec{b}+\vec{c}$ (2) $\frac{1}{2}\cdot\vec{a}+\vec{b}+\vec{c}$ (3) $\frac{1}{2}\cdot\vec{a}+\vec{b}+\frac{1}{2}\cdot\vec{c}$ (4) $-\frac{1}{2}\cdot\vec{a}+\vec{b}+\vec{c}$ (5) $-\frac{1}{2}\cdot\vec{a}+\frac{1}{2}\cdot\vec{c}$ (6) $-\frac{1}{2}\cdot\vec{a}+\vec{b}+\vec{c}$ (7) $-\vec{a}-\vec{b}+\frac{1}{2}\cdot\vec{c}$ (8) $-\frac{1}{2}\cdot\vec{a}-\vec{b}-\frac{1}{2}\cdot\vec{c}$ (9) $-\frac{1}{2}\cdot\vec{a}-\vec{b}-\vec{c}$

113 **6.** **a)** linear unabhängig
b) linear unabhängig
c) linear unabhängig
d) linear abhängig

7. **a)** Für $t=8$ linear abhängig.
b) Für $t=0$ oder $t=3$ linear abhängig.
c) Für alle $t \in \mathbb{R}$ linear abhängig.

8. **a)** $(3r+s)\vec{u}+(3r-s+2t)\vec{v}+(2s-t)\vec{w}=\vec{o}$

Lineares Gleichungssystem:

$$\left| \begin{array}{l} 3r+s \quad\quad = 0 \\ 3r-s+2t=0 \\ \quad 2s-\ \ t=0 \end{array} \right| \qquad \text{nur } r=s=t=0 \text{ Lösung}$$

$\Rightarrow$ Die Vektoren sind linear unabhängig.

b) $(2r+4s)\vec{u}+(7r+3t)\vec{v}+(-5s+6t)\vec{w}=\vec{o}$

Lineares Gleichungssystem:

$$\left| \begin{array}{r} 2r+4s=0 \\ 7r+3t=0 \\ -5s+6t=0 \end{array} \right| \qquad \text{nur } r=s=t=0 \text{ Lösung}$$

$\Rightarrow$ Die Vektoren sind linear unabhängig.

9. Die Blickrichtung muss linear unabhängig sein von den Vektoren, die die Fahne aufspannen.
Martins Blickrichtung: Vektor, der Vielfaches von $\vec{a}$ ist, z. B. $(-6|9|0)$ oder $(4|-6|0)$.
Julias Blickrichtung: beliebiger Vektor, der kein Vielfaches von $\vec{a}$ ist.

Blickpunkt: Bewegungen auf dem Wasser

114 **1.** $|\vec{v}|=\sqrt{1{,}4^2+(-2{,}1)^2}\approx 2{,}52$
Geschwindigkeit $v \approx 2{,}52\,\frac{m}{s} \approx 9{,}07\,\frac{km}{h} \approx 5{,}04\,kn$

2. $|\vec{v_A}|=6\,kn \approx 10{,}8\,\frac{km}{h} \approx 3\,\frac{m}{s}$; $|\vec{v_B}|=10\,kn \approx 18\,\frac{km}{h} \approx 5\,\frac{m}{s}$

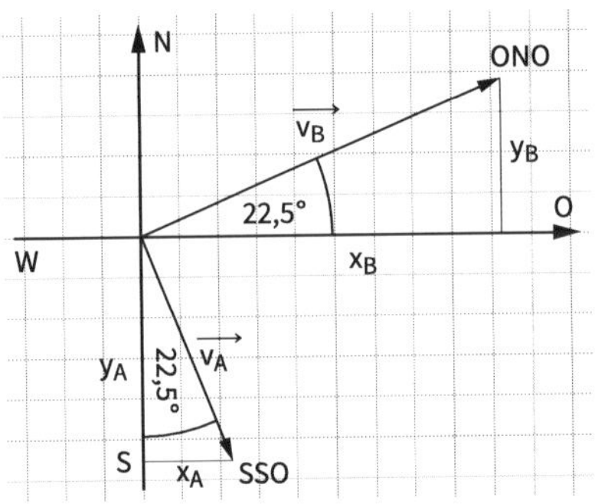

$x_A=6\cdot\sin(22{,}5°)\approx 2{,}30$; $y_A=-6\cdot\cos(22{,}5°)\approx -5{,}54$; $\vec{v_A}\approx\begin{pmatrix}2{,}30\\-5{,}54\end{pmatrix}$

$x_B=10\cdot\cos(22{,}5°)\approx 9{,}24$; $y_B=10\cdot\sin(22{,}5°)\approx 3{,}83$; $\vec{v_B}\approx\begin{pmatrix}9{,}24\\3{,}38\end{pmatrix}$

Der Winkel zwischen den beiden Kursen beträgt 90°.

115 **3.** $\vec{v} = \vec{v_1} + \vec{v_2} = \begin{pmatrix} 3 \\ 3 \end{pmatrix}$

$|\vec{v}| = \sqrt{18}\,\frac{m}{s} \approx 4{,}24\,\frac{m}{s} \approx 15{,}27\,\frac{km}{h}$

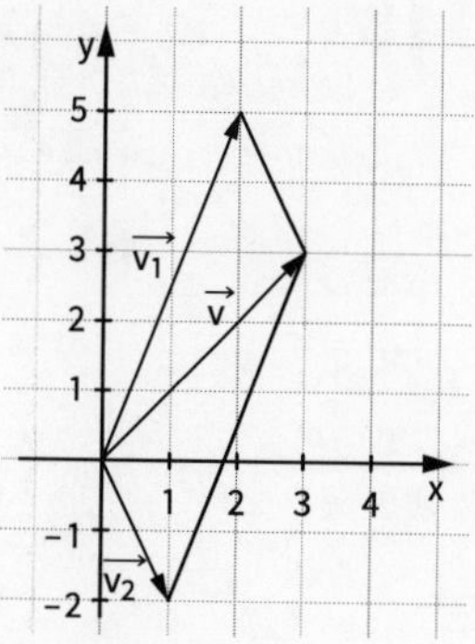

4. $x = 4 \cdot \cos(75°) \approx 1{,}04$; $y_1 = 4 \cdot \sin(75°) \approx 3{,}86$

$\vec{v_1} \approx \begin{pmatrix} 1{,}04 \\ 3{,}86 \end{pmatrix}$; $\vec{v_2} = \begin{pmatrix} 3 \\ 0 \end{pmatrix}$

$\vec{v} = \vec{v_1} + \vec{v_2} \approx \begin{pmatrix} 4{,}04 \\ 3{,}86 \end{pmatrix}$

$|\vec{v}| \approx \sqrt{4{,}04^2 + 3{,}86^2} \approx 5{,}59$

Der Tanker bewegt sich mit einer Geschwindigkeit von ca. 5,6 kn.

Anmerkung: Die Geschwindigkeit kann auch durch Ablesen in einer maßstabsgetreuen Zeichnung bestimmt werden.

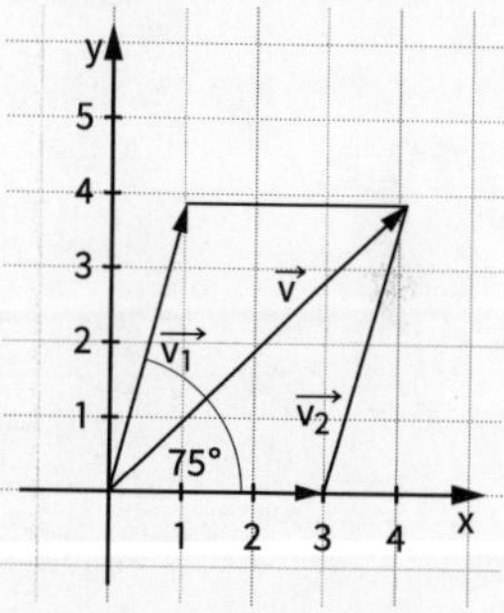

2.7 Winkel im Raum

2.7.1 Orthogonalität zweier Vektoren – Skalarprodukt

116 **Einstiegsaufgabe ohne Lösung**

- $\vec{a} = \overrightarrow{CB} = \begin{pmatrix} 0 \\ 0 \\ 8 \end{pmatrix}$, $|\vec{a}| = 8$; $\vec{b} = \overrightarrow{CA} = \begin{pmatrix} 0 \\ 3 \\ 0 \end{pmatrix}$, $|\vec{b}| = 3$; $\vec{c} = \overrightarrow{AB} = \begin{pmatrix} 0 \\ -3 \\ 8 \end{pmatrix}$, $|\vec{c}| = \sqrt{0^2 + (-3)^2 + 8^2} = \sqrt{73}$

  Es gilt: $|\vec{a}|^2 + |\vec{b}|^2 = |\vec{c}|^2$

  Nach dem Satz des Pythagoras ist das Dreieck ABC rechtwinklig mit einem rechten Winkel im Punkt C.
- Kriterium: $|\vec{a}|^2 + |\vec{b}|^2 = |\vec{b} - \vec{a}|^2$

  $a_x^2 + a_y^2 + a_z^2 + b_x^2 + b_y^2 + b_z^2 = (b_x - a_x)^2 + (b_y - a_y)^2 + (b_z - a_z)^2$

  Ausmultiplizieren und Zusammenfassen ergibt:

  $0 = -2\,b_x a_x - 2\,b_y a_y - 2\,b_z a_z$ und somit $a_x b_x + a_y b_y + a_z b_z = 0$

118 **1.** $\vec{u} * \vec{u} = u_x \cdot u_x + u_y \cdot u_y + u_z \cdot u_z = u_x^2 + u_y^2 + u_z^2$

Nach Seite 100 (Schülerband) ist $|\vec{u}| = \sqrt{u_x^2 + u_y^2 + u_z^2}$.

Einsetzen der ersten Gleichung liefert $|\vec{u}| = \sqrt{\vec{u} * \vec{u}}$.

118 **2.** $\vec{u} * (\vec{v} + \vec{w}) = \begin{pmatrix} 2 \\ -4 \\ 3 \end{pmatrix} * \left(\begin{pmatrix} 8 \\ 1 \\ -4 \end{pmatrix} + \begin{pmatrix} -1 \\ 5 \\ 7 \end{pmatrix} \right) = \begin{pmatrix} 2 \\ -4 \\ 3 \end{pmatrix} * \begin{pmatrix} 7 \\ 6 \\ 3 \end{pmatrix} = 14 - 24 + 9 = -1$

$\vec{u} * \vec{v} + \vec{u} * \vec{w} = \begin{pmatrix} 2 \\ -4 \\ 3 \end{pmatrix} * \begin{pmatrix} 8 \\ 1 \\ -4 \end{pmatrix} + \begin{pmatrix} 2 \\ -4 \\ 3 \end{pmatrix} * \begin{pmatrix} -1 \\ 5 \\ 7 \end{pmatrix} = 16 - 4 - 12 + (-2) - 20 + 21 = -1$

Vermutung: Das Distributivgesetz gilt auch für das Skalarprodukt.

Beweis: Für $\vec{u} = \begin{pmatrix} u_x \\ u_y \\ u_z \end{pmatrix}$, $\vec{v} = \begin{pmatrix} v_x \\ v_y \\ v_z \end{pmatrix}$, $\vec{w} = \begin{pmatrix} w_x \\ w_y \\ w_z \end{pmatrix}$ gilt:

$$\begin{aligned}
\vec{u} * (\vec{v} + \vec{w}) &= \begin{pmatrix} u_x \\ u_y \\ u_z \end{pmatrix} * \begin{pmatrix} v_x + w_x \\ v_y + w_y \\ v_z + w_z \end{pmatrix} \\
&= u_x(v_x + w_x) + u_y(v_y + w_y) + u_z(v_z + w_z) \\
&= u_x v_x + u_x w_x + u_y v_y + u_y w_y + u_z v_z + u_z w_z \\
&= (u_x v_x + u_y v_y + u_z v_z) + (u_x w_x + u_y w_y + u_z w_z) \\
&= \vec{u} * \vec{v} + \vec{u} * \vec{w}
\end{aligned}$$

119 **3.** **a)** $\vec{u} * \vec{v} = 0 + 0 + 0 = 0 \quad \Rightarrow$ orthogonal

b) $\vec{u} * \vec{v} = 2 + 1 - 3 = 0 \quad \Rightarrow$ orthogonal

c) $\vec{u} * \vec{v} = 2 - 4 + 15 = 13 \quad \Rightarrow$ nicht orthogonal

d) $\vec{u} * \vec{v} = 6 + 0 - 6 = 0 \quad \Rightarrow$ orthogonal

e) $\vec{u} * \vec{v} = 5 - 8 + 3 = 0 \quad \Rightarrow$ orthogonal.

f) $\vec{u} * \vec{v} = 0$, aber wegen $\vec{u} = \vec{o}$ spricht man nicht von Orthogonalität.

4. Diagonale durch die Punkte A und C: $g: \vec{x} = \begin{pmatrix} 3 \\ 1 \\ 2 \end{pmatrix} + k \cdot \begin{pmatrix} 4 \\ 2 \\ -6 \end{pmatrix}$

Diagonale durch die Punkte B und D: $h: \vec{x} = \begin{pmatrix} 3 \\ 0 \\ -3 \end{pmatrix} + r \cdot \begin{pmatrix} 3 \\ 3 \\ 3 \end{pmatrix}$

$\begin{pmatrix} 4 \\ 2 \\ -6 \end{pmatrix} * \begin{pmatrix} 3 \\ 3 \\ 3 \end{pmatrix} = 12 + 6 - 18 = 0$

Die beiden Diagonalen sind orthogonal zueinander. Das Viereck ist ein Drachenviereck.

5. Vektor Balken 1: $\vec{a} = \begin{pmatrix} 0{,}2 \\ 6 \\ -5 \end{pmatrix} - \begin{pmatrix} 0 \\ 0 \\ -2 \end{pmatrix} = \begin{pmatrix} 0{,}2 \\ 6 \\ -3 \end{pmatrix}$

Vektor Balken 2: $\vec{b} = \begin{pmatrix} -0{,}1 \\ -3 \\ -6 \end{pmatrix} - \begin{pmatrix} 0 \\ 0 \\ -2 \end{pmatrix} = \begin{pmatrix} -0{,}1 \\ -3 \\ -4 \end{pmatrix}$

$\vec{a} * \vec{b} = -0{,}02 - 18 + 12 = -6{,}02 \neq 0$

Die Balken sind nicht orthogonal.

119 **6. a)** (1) $\vec{a} = \overrightarrow{CB} = \begin{pmatrix} 0 \\ -2 \\ 2 \end{pmatrix}; \vec{b} = \overrightarrow{CA} = \begin{pmatrix} 2 \\ 0 \\ -2 \end{pmatrix}; \vec{c} = \overrightarrow{AB} = \begin{pmatrix} -2 \\ 2 \\ 0 \end{pmatrix}$

$|\vec{a}| = |\vec{b}| = |\vec{c}| = \sqrt{8} \Rightarrow$ gleichseitig

(2) $\vec{a} = \overrightarrow{CB} = \begin{pmatrix} -5 \\ 1 \\ -3 \end{pmatrix}; \vec{b} = \overrightarrow{CA} = \begin{pmatrix} -1 \\ 4 \\ -6 \end{pmatrix}; \vec{c} = \overrightarrow{AB} = \begin{pmatrix} -4 \\ -3 \\ 3 \end{pmatrix}$

alle Skalarprodukte ungleich 0 und
$|\vec{a}| = \sqrt{35}$; $|\vec{b}| = \sqrt{53}$; $|\vec{c}| = \sqrt{34}$; keine Besonderheiten

(3) $\vec{a} = \overrightarrow{CB} = \begin{pmatrix} 0 \\ -3 \\ 0 \end{pmatrix}; \vec{b} = \overrightarrow{CA} = \begin{pmatrix} 0 \\ 0 \\ 3 \end{pmatrix}; \vec{c} = \overrightarrow{AB} = \begin{pmatrix} 0 \\ -3 \\ -3 \end{pmatrix}$

$\vec{a} * \vec{b} = 0 \Rightarrow$ rechter Winkel bei C;
$|\vec{a}| = |\vec{b}| = 3$; $|\vec{c}| = 3\sqrt{2} \Rightarrow$ gleichschenklig

b) (1) Eines der Skalarprodukte $\overrightarrow{AB} * \overrightarrow{BC}$, $\overrightarrow{AB} * \overrightarrow{CA}$ oder $\overrightarrow{BC} * \overrightarrow{CA}$ muss null ergeben, dann ist das Dreieck rechtwinklig.

(2) Das Dreieck ist gleichschenklig, falls von $|\overrightarrow{AB}| = |\overrightarrow{BC}|$ oder $|\overrightarrow{AB}| = |\overrightarrow{CA}|$ oder $|\overrightarrow{BC}| = |\overrightarrow{CA}|$ genau eine Gleichung erfüllt ist.

(3) Das Dreieck ist gleichseitig, falls $|\overrightarrow{AB}| = |\overrightarrow{BC}| = |\overrightarrow{CA}|$ gilt.

7. $\overrightarrow{AB} = \begin{pmatrix} 4 \\ -3 \\ -1{,}5 \end{pmatrix}$ $\quad\overrightarrow{AC} = \begin{pmatrix} 4 \\ 3 \\ -1{,}5 \end{pmatrix}$

$\overrightarrow{AB} * \overrightarrow{AC} = 16 - 9 + 2{,}25 = 9{,}25 \neq 0$

Die Vektoren sind nicht orthogonal zueinander, es wird kein rechter Winkel eingeschlossen.

8. a) $\vec{u} * \vec{v} = 2a + 8 - (3 + b) = 2a - b + 5 = 0$, also $b = 2a + 5$

Drei Möglichkeiten

(1) $a = 1$; $b = 7$ (2) $a = -1$; $b = 3$ (3) $a = 0$; $b = 5$

b) $\vec{u} * \vec{v} = 2a + b - 2 = 0$, also $b = 2 - 2a$

(1) $a = 0$; $b = 2$ (2) $a = 1$; $b = 0$ (3) $a = -1$; $b = 4$

c) $\vec{u} * \vec{v} = a + b = 0$, also $b = -a$

(1) $a = 1$; $b = -1$ (2) $a = b = 0$ (3) $a = 2$; $b = -2$

9. $\vec{a} = \overrightarrow{CB} = \begin{pmatrix} 4 \\ 3 \\ 1 - c_z \end{pmatrix}$ $\quad\vec{b} = \overrightarrow{CA} = \begin{pmatrix} 8 \\ 0 \\ -c_z \end{pmatrix}$ $\quad\vec{c} = \overrightarrow{AB} = \begin{pmatrix} -4 \\ 3 \\ 1 \end{pmatrix}$

Rechter Winkel bei C $\Rightarrow \vec{a} * \vec{b} = 0 \Leftrightarrow c_z^2 - c_z + 32 = 0$; keine Lösung
Rechter Winkel bei B $\Rightarrow \vec{a} * \vec{c} = 0 \Leftrightarrow c_z = -6$
Rechter Winkel bei A $\Rightarrow \vec{b} * \vec{c} = 0 \Leftrightarrow c_z = -32$

119 **10.** Wähle D so, dass alle 4 Skalarprodukte null sind.

$\overrightarrow{AB} = \begin{pmatrix} 0 \\ 5 \\ 0 \end{pmatrix}$; $\overrightarrow{CB} = \begin{pmatrix} -3 \\ 0 \\ -4 \end{pmatrix}$; $\overrightarrow{CA} = \begin{pmatrix} -3 \\ -5 \\ -4 \end{pmatrix}$

Rechter Winkel bei B, da $\overrightarrow{AB} * \overrightarrow{CB} = 0$.

$|\overrightarrow{AB}| = |\overrightarrow{CB}| = 5$

Das Dreieck ABC ist ein gleichschenklig-rechtwinkliges Dreieck und kann zu einem Quadrat ergänzt werden.

$\overrightarrow{OD} = \overrightarrow{OA} + \overrightarrow{BC} = \begin{pmatrix} 1 \\ 1 \\ 2 \end{pmatrix} + \begin{pmatrix} 3 \\ 0 \\ 4 \end{pmatrix} = \begin{pmatrix} 4 \\ 1 \\ 6 \end{pmatrix}$ D(4|1|6)

11. $(r \cdot \vec{a}) * (s \cdot \vec{b}) = r \cdot a_x \cdot s \cdot b_x + r \cdot a_y \cdot s \cdot b_y + r \cdot a_z \cdot s \cdot b_z = r \cdot s \cdot (a_x b_x + a_y b_y + a_z b_z) = r \cdot s \cdot 0 = 0$
Somit sind auch die Vektoren $r \cdot \vec{a}$ und $s \cdot \vec{b}$ orthogonal zueinander.

120 **12.** $\overrightarrow{CB} = \begin{pmatrix} -1{,}85 \\ 1{,}4 \\ -0{,}19 \end{pmatrix}$; $\overrightarrow{CA} = \begin{pmatrix} -1{,}3 \\ -1{,}75 \\ -0{,}32 \end{pmatrix}$; $\overrightarrow{AB} = \begin{pmatrix} -0{,}55 \\ 3{,}15 \\ 0{,}13 \end{pmatrix}$

$\overrightarrow{AB} * \overrightarrow{CB} = 5{,}4028$ $\quad \overrightarrow{CB} * \overrightarrow{CA} = 0{,}0158$ $\quad \overrightarrow{CA} * \overrightarrow{AB} = -4{,}84$

Bei Punkt C liegt „annähernd“ ein rechter Winkel vor.

13. a) $\begin{pmatrix} 1 \\ 2 \\ 3 \end{pmatrix} * \begin{pmatrix} -4 \\ 2 \\ 0 \end{pmatrix} = -4 + 4 = 0$; $\begin{pmatrix} 1 \\ 2 \\ 3 \end{pmatrix} * \begin{pmatrix} 3 \\ 0 \\ -1 \end{pmatrix} = 3 - 3 = 0$

Beide Vektoren sind orthogonal zum Vektor $\vec{v}$.

b) Es gibt unendlich viele Vektoren, die zu $\vec{v}$ orthogonal sind.

14. a) Es wurden lediglich die Komponenten multipliziert, aber die Ergebnisse nicht addiert. Das Skalarprodukt ergibt eine Zahl.

b) Hier wurde falsch addiert.

15. Bei der Verwendung des $*$ als Skalarproduktzeichen hat Jenny Recht.
(Bei der auch üblichen Verwendung eines „normalen“ Malpunktes für das Skalarprodukt wäre Tims Aussage korrekt und Jennys Argumentation falsch.)

2.7.2 Winkel zwischen Vektoren

Einstiegsaufgabe ohne Lösung

- Die lange Rechteckseite hat die Länge $|\vec{a}|$. Die kurze hat die Länge $|\vec{b}| \cdot \cos(\alpha)$.
  Somit gilt für den Flächeninhalt A die angegebene Formel.
- Es gilt: $|\overrightarrow{AB}| = |\overrightarrow{AC}| = |\overrightarrow{BC}| = \sqrt{32}$;
  alle Seiten sind gleich lang. $A = \sqrt{32} \cdot \sqrt{32} \cdot \cos(60°) = 16$; $\overrightarrow{AB} * \overrightarrow{AC} = 16$
  Hier gilt: $\overrightarrow{AB} * \overrightarrow{AC} = |\overrightarrow{AB}| \cdot |\overrightarrow{AC}| \cdot \cos(\alpha)$
- Es gilt auch hier $\overrightarrow{CA} * \overrightarrow{CB} = |\overrightarrow{CA}| \cdot |\overrightarrow{CB}| \cdot \cos(\gamma)$
  Allgemein kann man vermuten, dass für zwei Vektoren $\vec{a}$ und $\vec{b}$ mit dem eingeschlossenen Winkel α gilt: $\vec{a} * \vec{b} = |\vec{a}| \cdot |\vec{b}| \cdot \cos(\alpha)$
- Weitere Beispiele bestätigen diese Vermutung. Zum Beweis siehe Information (2) auf Seite 122 im Schülerband.

123

1. $\alpha = \cos^{-1}\left(\frac{\vec{u} * \vec{v}}{|\vec{u}| \cdot |\vec{v}|}\right)$

a) $\alpha = 82{,}388°$ **b)** $\alpha = 107{,}024°$ **c)** $\alpha = 149{,}163°$

2. Die gesuchte Winkelgröße ist gleich der Größe des Winkels zwischen den Vektoren $\vec{u} = \overrightarrow{CA}$ und $\vec{v} = \overrightarrow{CB}$, welche die Richtungen der Dachkanten beschreiben.
Für das Skalarprodukt $\vec{u} * \vec{v}$ gilt: $\vec{u} * \vec{v} = |\vec{u}| \cdot |\vec{v}| \cdot \cos(\varphi)$.
Der Kosinus des Winkels φ kann daraus wie folgt bestimmt werden: $\cos(\varphi) = \frac{\vec{u} * \vec{v}}{|\vec{u}| \cdot |\vec{v}|}$
Aus dieser Gleichung lässt sich der Winkel φ berechnen.
Wir berechnen zunächst die Verbindungsvektoren $\vec{u} = \overrightarrow{CA}$ und $\vec{v} = \overrightarrow{CB}$:

$\vec{u} = \overrightarrow{CA} = \begin{pmatrix} 4 \\ 3 \\ 2 \end{pmatrix} - \begin{pmatrix} 0 \\ 0 \\ 3 \end{pmatrix} = \begin{pmatrix} 4 \\ 3 \\ -1 \end{pmatrix}$ und $\vec{v} = \overrightarrow{CB} = \begin{pmatrix} -5 \\ 3 \\ 2 \end{pmatrix} - \begin{pmatrix} 0 \\ 0 \\ 3 \end{pmatrix} = \begin{pmatrix} -5 \\ 3 \\ -1 \end{pmatrix}$

Für die Längen der Vektoren erhalten wir:

$|\vec{u}| = \sqrt{\vec{u} * \vec{u}} = \sqrt{4^2 + 3^2 + (-1)^2} = \sqrt{26}$ und $|\vec{v}| = \sqrt{\vec{v} * \vec{v}} = \sqrt{(-5)^2 + 3^2 + (-1)^2} = \sqrt{35}$

Wir berechnen das Skalarprodukt $\vec{u} * \vec{v} = \begin{pmatrix} 4 \\ 3 \\ -1 \end{pmatrix} * \begin{pmatrix} -5 \\ 3 \\ -1 \end{pmatrix} = -10.$

Diese Werte setzen wir in die Gleichung $\cos(\varphi) = \frac{\vec{u} * \vec{v}}{|\vec{u}| \cdot |\vec{v}|}$ ein:

$\cos(\varphi) = \frac{-10}{\sqrt{26} \cdot \sqrt{35}} \approx -0{,}33$

Die Gleichung $\cos\varphi = -0{,}33$ hat zwischen 0° und 360° zwei Lösungen: $\varphi_1 \approx 109°$ und $\varphi_2 \approx 360° - \varphi_1 = 251°$.
Beide Winkel φ_1 und φ_2 ergänzen sich zu 360°. Es kommt am Dachvorsprung nur der kleinere Winkel, also $\varphi_1 = 109°$, infrage.

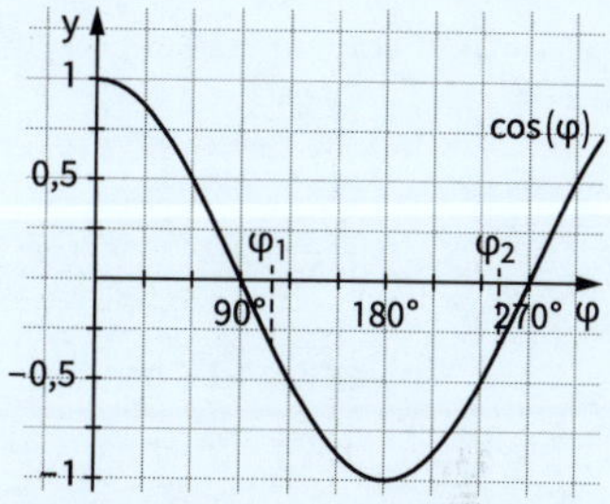

3. Der Winkel berechnet sich aus $\cos(\alpha) = \frac{\vec{u} * \vec{v}}{|\vec{u}| \cdot |\vec{v}|}$.
Das Vorzeichen von cos (α) hängt nur vom Skalarprodukt ab. Da $\cos(\alpha) > 0$ für $0° \leq \alpha < 90°$ und $\cos(\alpha) < 0$ für $90° < \alpha \leq 180°$ ist, ist die Aussage korrekt.

4. a) $\overrightarrow{AB} = \begin{pmatrix} -3 \\ 4 \\ 0 \end{pmatrix}$; $\overrightarrow{AC} = \begin{pmatrix} -3 \\ 0 \\ 5 \end{pmatrix}$; $\overrightarrow{BC} = \begin{pmatrix} 0 \\ -4 \\ 5 \end{pmatrix}$

Längen: $|\overrightarrow{AB}| = \sqrt{25} = 5$; $|\overrightarrow{AC}| = \sqrt{34} \approx 5{,}831$; $|\overrightarrow{BC}| = \sqrt{41} = 6{,}403$
Winkel bei A: $\alpha = 72{,}02°$; Winkel bei B: $\beta = 60{,}02°$; Winkel bei C: $\gamma = 47{,}96°$

b) $\overrightarrow{AB} = \begin{pmatrix} 1 \\ -2 \\ 4 \end{pmatrix}$; $\overrightarrow{AC} = \begin{pmatrix} 3 \\ 4 \\ 9 \end{pmatrix}$; $\overrightarrow{BC} = \begin{pmatrix} 2 \\ 6 \\ 5 \end{pmatrix}$

Längen: $|\overrightarrow{AB}| = \sqrt{21} \approx 4{,}583$; $|\overrightarrow{AC}| = \sqrt{106} \approx 10{,}296$; $|\overrightarrow{BC}| = \sqrt{65} \approx 8{,}062$
Winkel bei A: $\alpha = 48{,}925°$; Winkel bei B: $\beta = 105{,}704°$; Winkel bei C: $\gamma = 25{,}371°$

c) $\overrightarrow{AB} = \begin{pmatrix} 1 \\ 1 \\ 0 \end{pmatrix}$; $\overrightarrow{AC} = \begin{pmatrix} -3 \\ 3 \\ -2 \end{pmatrix}$; $\overrightarrow{BC} = \begin{pmatrix} -4 \\ 2 \\ -2 \end{pmatrix}$

Längen: $|\overrightarrow{AB}| = \sqrt{2} \approx 1{,}414$; $|\overrightarrow{AC}| = \sqrt{22} \approx 4{,}690$; $|\overrightarrow{BC}| = \sqrt{24} \approx 4{,}90$
Winkel bei A: $\alpha = 90°$; Winkel bei B: $\beta = 73{,}22°$, Winkel bei C: $\gamma = 16{,}78°$

123 **5.** Berechne den Winkel zwischen den Vektoren $\vec{u} = \overrightarrow{AB}$ und $\vec{v} = \overrightarrow{AC}$ mit

$\vec{u} = \begin{pmatrix} 8 \\ -8 \\ -4 \end{pmatrix}$; $\vec{v} = \begin{pmatrix} 2 \\ 10 \\ 11 \end{pmatrix}$.

$|\vec{u}| = \sqrt{\vec{u} * \vec{u}} = \sqrt{144} = 12$; $|\vec{v}| = \sqrt{\vec{v} * \vec{v}} = \sqrt{225} = 15$

$\vec{u} * \vec{v} = -108$

Winkel berechnen: $\cos(\varphi) = \frac{-108}{12 \cdot 15} = -0{,}6 \Rightarrow \varphi = 126{,}9°$

6. Es gilt:

$|\overrightarrow{AC}|^2 = h^2 + |\overrightarrow{AS}|^2$ und $|\overrightarrow{AS}| = |\overrightarrow{AC}| \cdot \cos(\alpha)$

Daraus ergibt sich:

$|\overrightarrow{AC}|^2 = h^2 + |\overrightarrow{AC}|^2 \cdot (\cos(\alpha))^2$ und

somit $h^2 = |\overrightarrow{AC}|^2 - |\overrightarrow{AC}|^2 \cdot (\cos(\alpha))^2$

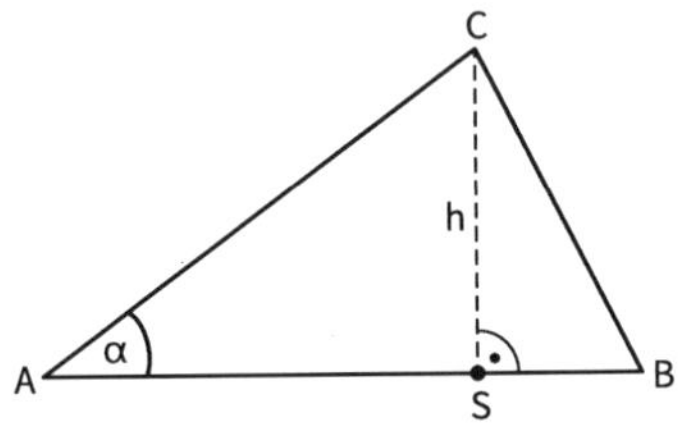

124 **7.** Koordinatenursprung z. B. links unten hinten, Achsen x nach vorn, y nach rechts, z nach oben. Dann: P(12|2|12); Q(12|12|4); R(10|12|12)

$\overrightarrow{PQ} = \begin{pmatrix} 0 \\ 10 \\ -8 \end{pmatrix}$; $\overrightarrow{PR} = \begin{pmatrix} -2 \\ 10 \\ 0 \end{pmatrix}$; $\overrightarrow{QR} = \begin{pmatrix} -2 \\ 0 \\ 8 \end{pmatrix}$

Innenwinkel: Bei P: $\alpha = 40{,}03°$; bei Q: $\beta = 52{,}70°$; bei R: $\gamma = 87{,}27°$

8. a) $\overrightarrow{AB} = \overrightarrow{DC} = \begin{pmatrix} 7 \\ -4 \\ -4 \end{pmatrix}$, $\overrightarrow{BC} = \overrightarrow{AD} = \begin{pmatrix} 1 \\ 8 \\ 7 \end{pmatrix}$

b) $|\overrightarrow{AB}| = |\overrightarrow{DC}| = \sqrt{7^2 + (-4)^2 + (-4)^2} = 9$

$|\overrightarrow{BC}| = |\overrightarrow{AD}| = \sqrt{1^2 + 8^2 + 7^2} = \sqrt{114} \approx 10{,}68$

$\cos(\alpha) = \frac{\overrightarrow{AB} * \overrightarrow{AD}}{|\overrightarrow{AB}| \cdot |\overrightarrow{AD}|} = \frac{-53}{9 \cdot \sqrt{114}} \approx -0{,}55154$; $\alpha \approx 123°$

Somit gilt $\alpha = \gamma \approx 123°$ und $\beta = \delta \approx 57°$

9. Ein Würfel hat vier Raumdiagonalen.
Aufgrund der Symmetrieeigenschaften eines Würfels schneiden sich jeweils zwei Raumdiagonalen unter dem gleichen Winkel. Es genügt deshalb, einen dieser Schnittwinkel zu bestimmen.
Die Diagonale AG (s. Skizze) hat z. B. $\vec{u} = \begin{pmatrix} -4 \\ 4 \\ 4 \end{pmatrix}$,

die Diagonale BH hat z. B. $\vec{v} = \begin{pmatrix} -4 \\ -4 \\ 4 \end{pmatrix}$ als Richtungsvektor.

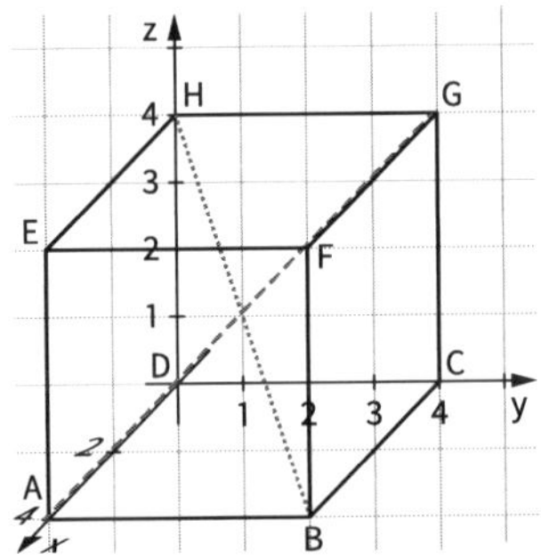

Schnittwinkel: $\cos(\alpha) = \frac{\begin{pmatrix} -4 \\ 4 \\ 4 \end{pmatrix} * \begin{pmatrix} -4 \\ -4 \\ 4 \end{pmatrix}}{\left|\begin{pmatrix} -4 \\ 4 \\ 4 \end{pmatrix}\right| \cdot \left|\begin{pmatrix} -4 \\ -4 \\ 4 \end{pmatrix}\right|} = \frac{16}{48} = \frac{1}{3}$, also $\alpha \approx 70{,}5°$

124 **10. a)** $|\vec{u}| = 3$ und $|\vec{v}| = 3$

$\Rightarrow$ Alle Seiten des Vierecks sind gleich lang $\Rightarrow$ Raute.

b) $A(1|1|2)$

$\overrightarrow{OB} = \overrightarrow{OA} + \vec{u} = \begin{pmatrix} 3 \\ 0 \\ 4 \end{pmatrix} \Rightarrow B(3|0|4)$

$\overrightarrow{OC} = \overrightarrow{OA} + \vec{v} = \begin{pmatrix} 2 \\ 3 \\ 0 \end{pmatrix} \Rightarrow C(2|3|0)$

$\overrightarrow{OD} = \overrightarrow{OA} + \vec{u} + \vec{v} = \begin{pmatrix} 4 \\ 2 \\ 2 \end{pmatrix} \Rightarrow D(4|2|2)$

$$\cos(\varphi) = \frac{\overrightarrow{AD} * \overrightarrow{BC}}{|\overrightarrow{AD}| \cdot |\overrightarrow{BC}|} = \frac{\begin{pmatrix} 3 \\ 1 \\ 0 \end{pmatrix} * \begin{pmatrix} -1 \\ 3 \\ -4 \end{pmatrix}}{\sqrt{10} \cdot \sqrt{26}} = 0 \Rightarrow \varphi = 90°$$

11. Kraft in Wegrichtung $\overrightarrow{F_S} = \vec{F} \cdot \cos(\alpha)$

$|\overrightarrow{F_S}| = 120\,\text{N} \cdot \cos(35°) = 98{,}3\,\text{N}$

physikalische Arbeit: $W = \vec{F} * \vec{s} = |\overrightarrow{F_S}| \cdot |\vec{s}|$

$W = 98{,}3\,\text{N} \cdot 300\,\text{m} = 29\,489{,}5\,\text{Nm}$

12. Die Tastatur liegt in der xy-Ebene.

Die obere linke Ecke $P(-6{,}1|0|16{,}7)$ liegt in der xz-Ebene.

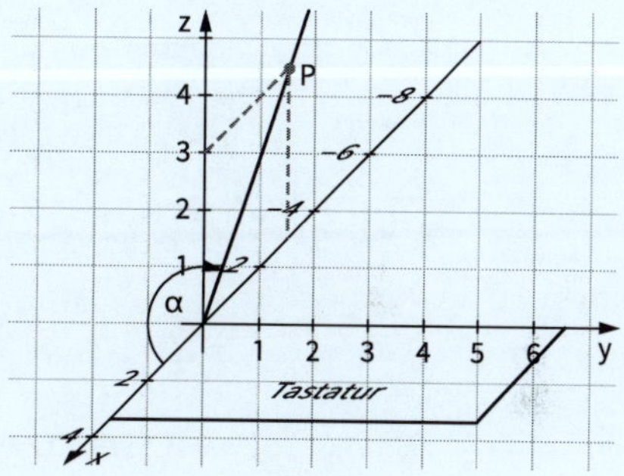

$\overrightarrow{OP} = \begin{pmatrix} -6{,}1 \\ 0 \\ 16{,}7 \end{pmatrix}$

Der Winkel, in dem das Kontrollfeld aufgeklappt wurde, entspricht dem Winkel zwischen der x-Achse und dem Ortsvektor $\overrightarrow{OP}$, wenn man davon ausgeht, dass die y-Achse zwischen der Tastatur und dem Kontrollfeld liegt.

Somit ist der Winkel zwischen den Vektoren $\vec{v} = \begin{pmatrix} 1 \\ 0 \\ 0 \end{pmatrix}$ und $\overrightarrow{OP}$ zu bestimmen.

$$\cos(\alpha) = \frac{\begin{pmatrix} -6{,}1 \\ 0 \\ 16{,}7 \end{pmatrix} * \begin{pmatrix} 1 \\ 0 \\ 0 \end{pmatrix}}{|\overrightarrow{OP}| \cdot \left|\begin{pmatrix} 1 \\ 0 \\ 0 \end{pmatrix}\right|}$$

$|\overrightarrow{OP}| = \sqrt{(-6{,}1)^2 + 0^2 + 16{,}7^2} \approx 17{,}78$

$|\vec{v}| = 1$

$\cos(\alpha) = -\frac{6{,}1}{17{,}78}$

$\cos(\alpha) \approx -0{,}34\,308$

$\alpha \approx 110°$

Das Kontrollfeld ist unter einem Winkel von 110° aufgeklappt.

2.8 Vektorprodukt

125 **Einstiegsaufgabe ohne Lösung**

a) Man bildet jeweils das Skalarprodukt:

(1) $\vec{a} * \vec{b} = 2 \cdot 1 + 3 \cdot (-1) + 1 \cdot (-1) = -2$ — $\vec{a}$ ist nicht senkrecht zu $\vec{b}$.

(2) $\vec{b} * \vec{c} = 1 \cdot 1 + (-1) \cdot 0 + (-1) \cdot 2 = -1$ — $\vec{b}$ ist nicht senkrecht zu $\vec{c}$.

b) Es muss gelten: $\vec{e} * \vec{d} = 0$ bzw. $\vec{f} * \vec{d} = 0$

$$\left| \begin{matrix} -1 \cdot d_x + 0 \cdot d_y + 1 \cdot d_z = 0 \\ 1 \cdot d_x + 2 \cdot d_y + 0 \cdot d_z = 0 \end{matrix} \right| \Leftrightarrow \left| \begin{matrix} -d_x \quad + d_z = 0 \\ d_x + 2\,d_y \quad = 0 \end{matrix} \right| \Leftrightarrow \left| \begin{matrix} d_x = d_z \\ d_x = -2\,d_y \end{matrix} \right|$$

Setzt man z. B. $d_x = 2$, so erhält man: $d = \begin{pmatrix} 2 \\ -1 \\ 2 \end{pmatrix}$. Allgemein: $\begin{pmatrix} d_x \\ -\frac{1}{2} d_x \\ d_x \end{pmatrix}$

127 **1.** (4) $\vec{a} \times (r \cdot \vec{b}) = \begin{pmatrix} a_y r b_z - a_z r b_y \\ a_z r b_x - a_x r b_z \\ a_x r b_y - a_y r b_x \end{pmatrix} = \begin{pmatrix} r(a_y b_z - a_z b_y) \\ r(a_z b_x - a_x b_z) \\ r(a_x b_y - a_y b_x) \end{pmatrix}$

2. a) $\vec{a}$ und $\vec{b}$ spannen ein Rechteck mit den Seitenlängen $a = 2$ und $b = 3$ auf.
$A = 2 \cdot 3 = 6$ — $|\vec{a} \times \vec{b}| = 6$

b) $\vec{a}$ und $\vec{b}$ spannen ein Rechteck mit den Seitenlängen a und b auf.
$A = a \cdot b$ — $|\vec{a} \times \vec{b}| = a \cdot b$

c) a und b spannen ein Parallelogramm mit der Seitenlängen a und der zugehörigen Höhe $h_a = a$ auf.
$A = a \cdot h_a = a^2$ — $|\vec{a} \times \vec{b}| = a^2$

3. Zu $\vec{u}$ und $\vec{v}$ orthogonale Vektoren sind Vielfache von $\vec{u} \times \vec{v} = \begin{pmatrix} 13 \\ -9 \\ -3 \end{pmatrix}$.

4. a) $\vec{a} \times \vec{b} = \begin{pmatrix} -1 \\ 17 \\ 10 \end{pmatrix}$ **b)** $\vec{a} \times \vec{b} = \begin{pmatrix} 16 \\ 6 \\ 15 \end{pmatrix}$ **c)** $\vec{a} \times \vec{b} = \begin{pmatrix} -4 \\ -7 \\ 1 \end{pmatrix}$

5. Druckfehler in der 1. Auflage des Schülerbandes.
Aufgabenteil b) muss lauten: b) Prüfen sie, ob $\overrightarrow{AB} \times \overrightarrow{BC} = \overrightarrow{BF}$ gilt.

a) $\overrightarrow{AB} = \begin{pmatrix} 4 \\ 3 \\ -1 \end{pmatrix}$ $\overrightarrow{BC} = \begin{pmatrix} -1 \\ 2 \\ 2 \end{pmatrix}$ $\overrightarrow{AD} = \begin{pmatrix} -1 \\ 2 \\ 2 \end{pmatrix}$ $\overrightarrow{DC} = \begin{pmatrix} 4 \\ 3 \\ -1 \end{pmatrix}$

Da $\overrightarrow{AB} = \overrightarrow{DC}$ und $\overrightarrow{BC} = \overrightarrow{AD}$, ist ABCD ein Parallelogramm.

b) $\overrightarrow{AB} \times \overrightarrow{BC} = \begin{pmatrix} 8 \\ -7 \\ 11 \end{pmatrix}$ $\overrightarrow{BF} = \begin{pmatrix} -2 \\ 2 \\ 6 \end{pmatrix}$

Es ist $\overrightarrow{AB} \times \overrightarrow{BC} \neq \overrightarrow{BF}$. Das bedeutet, dass $\overrightarrow{BF}$ nicht senkrecht zur Grundfläche ABCD ist.

c) H hat die Koordinaten $\begin{pmatrix} -4 \\ 9 \\ 5 \end{pmatrix}$. $\overrightarrow{DH} = \begin{pmatrix} -2 \\ 2 \\ 6 \end{pmatrix}$

Da $\overrightarrow{DH}$ und $\overrightarrow{BF}$ gleich sind, ist $\overrightarrow{HD}$ nicht das Vektorprodukt von $\overrightarrow{AB}$ und $\overrightarrow{BC}$.

d) Flächeninhalt: $A = |\overrightarrow{AB} \times \overrightarrow{BF}| = \left| \begin{pmatrix} 20 \\ -22 \\ 14 \end{pmatrix} \right| = \sqrt{1\,080} \approx 32{,}86$

6. (1) $\vec{a} \times \vec{b} = \begin{pmatrix} -1 \\ 5t - 2 \\ -t \end{pmatrix} = \begin{pmatrix} -1 \\ 13 \\ -3 \end{pmatrix} \Rightarrow t = 3$ (2) $\vec{a} \times \vec{b} = \begin{pmatrix} -5t \\ 10t \\ -4t \end{pmatrix} = \begin{pmatrix} -5 \\ 10 \\ -4 \end{pmatrix} \Rightarrow t = 1$

127

7. a) $\overrightarrow{PQ} = \begin{pmatrix} 5 \\ -6 \\ 4 \end{pmatrix}$ $\overrightarrow{PR} = \begin{pmatrix} 9 \\ 7 \\ -9 \end{pmatrix}$ $\overrightarrow{PT} = \overrightarrow{PR} + \overrightarrow{PQ} = \begin{pmatrix} 14 \\ 1 \\ -5 \end{pmatrix}$ $T(11|2|-1)$

$A = \left|\overrightarrow{PQ} \times \overrightarrow{PR}\right| = \left|\begin{pmatrix} 26 \\ 81 \\ 89 \end{pmatrix}\right| = \sqrt{15158} \approx 123{,}1$

b) $\overrightarrow{PQ} = \begin{pmatrix} 4 \\ 7 \\ -7 \end{pmatrix}$ $\overrightarrow{PR} = \begin{pmatrix} 3 \\ 12 \\ 9 \end{pmatrix}$ $\overrightarrow{PT} = \overrightarrow{PR} + \overrightarrow{PQ} = \begin{pmatrix} 7 \\ 19 \\ 2 \end{pmatrix}$ $T(3|14|5)$

$A = \left|\overrightarrow{PQ} \times \overrightarrow{PR}\right| = \left|\begin{pmatrix} 147 \\ -57 \\ 27 \end{pmatrix}\right| = \sqrt{25587} \approx 160{,}0$

3 Lineare Gleichungssysteme

Noch fit ... im Umgang mit linearen Funktionen?

132 **1.** **a)** Wertetabelle
b) $y = \frac{3}{4}x - 2$
c) $x \rightarrow x : 3$
d) Jeder Zahl wird ihre Gegenzahl zugeordnet.
e) $f(x) = -\frac{3}{2}x - 2$

2. **a)** $y = 2x + 1$

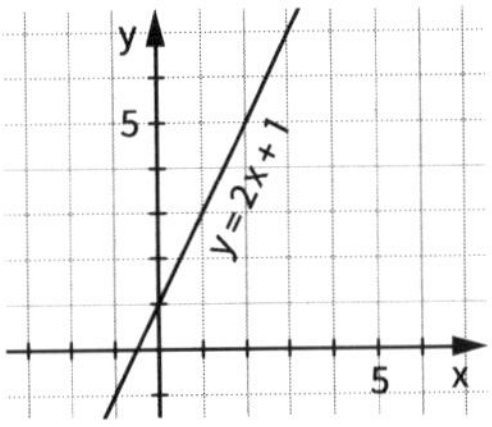

b) $y = 1{,}5x - 2$

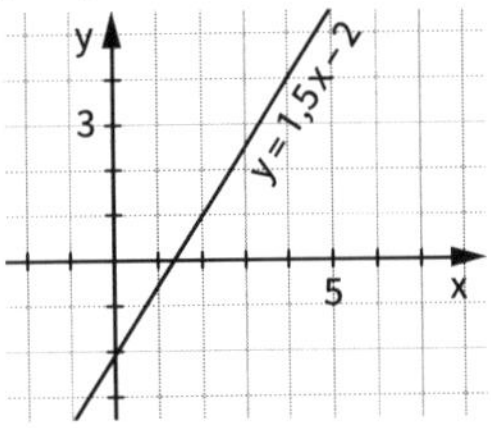

c) $y = \frac{3}{4}x + 5$

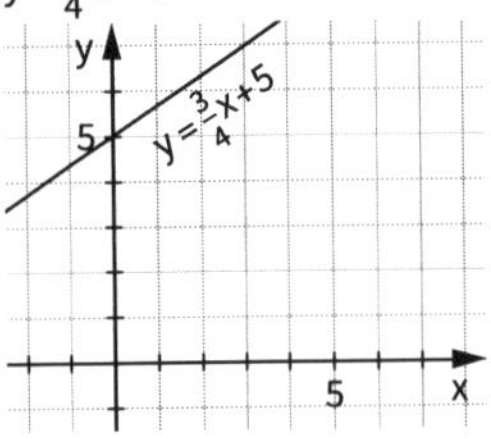

d) $f(x) = 3x + 2$

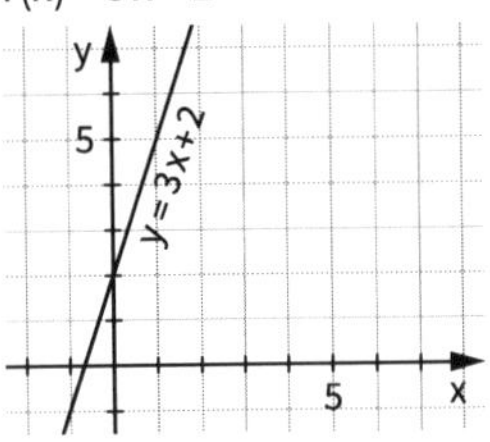

e) $f(x) = -0{,}4x$

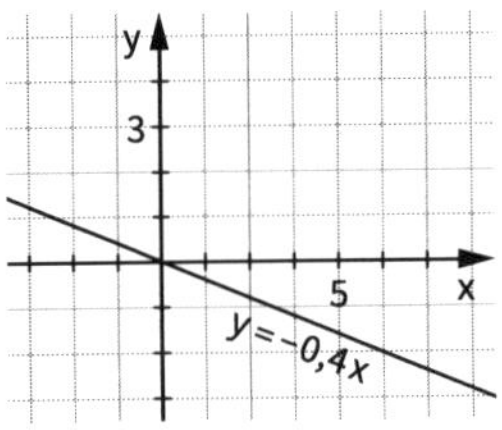

f) $y = -x + 2$

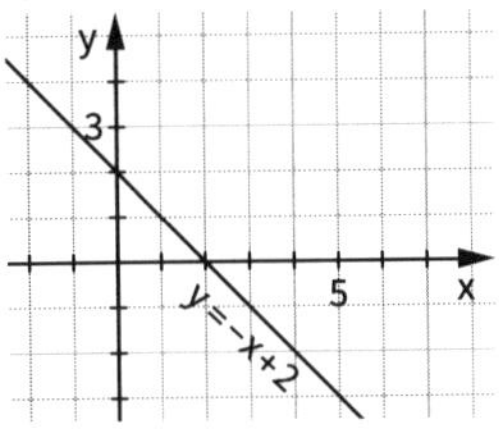

g) $f(x) = x + 1$

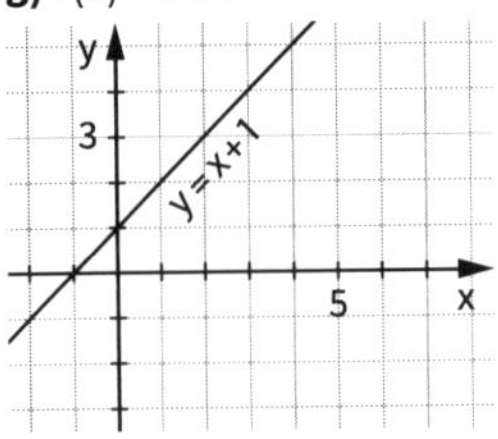

h) $f(x) = -\frac{2}{7}x - 3$

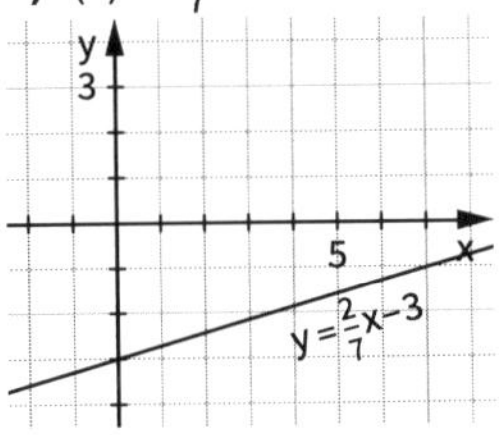

i) $y = 0{,}4x - 2$

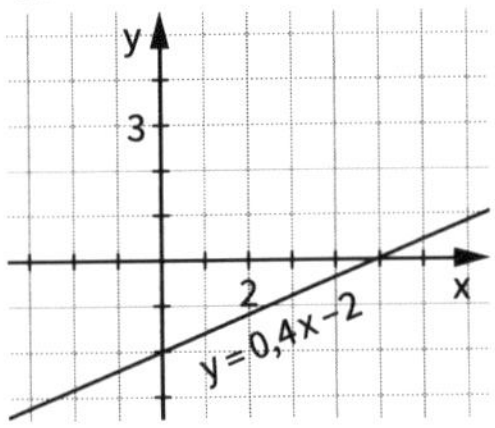

j) $y = -\frac{5}{3}x + 0{,}5$

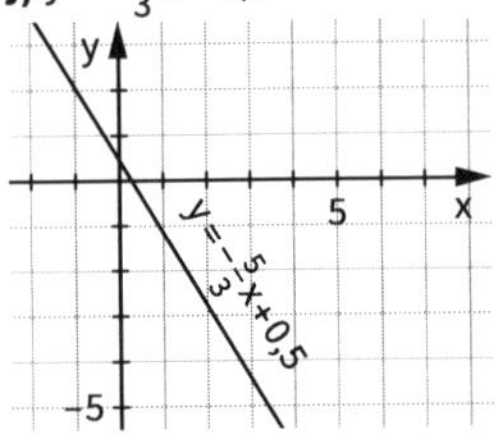

k) $g(x) = x$

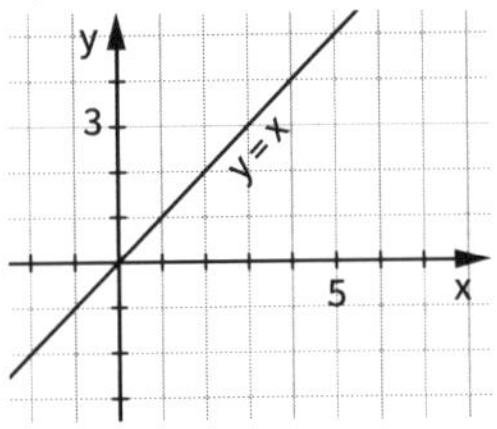

l) $h(s) = -s$

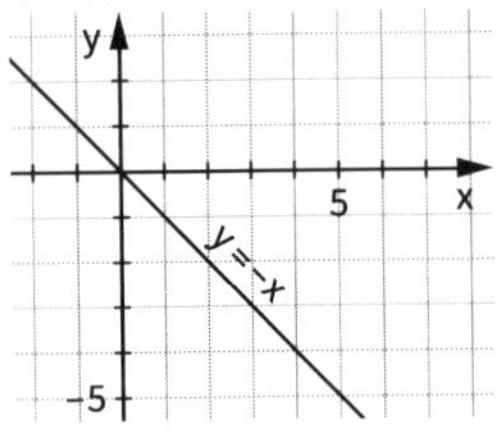

133

3. a) (1) $x - y = 2$
(2) $\frac{1}{4}x + y = 1$

b) (1) $\frac{1}{2}x - y = 3$
(2) $x + y = 2$

c) (1) $\frac{1}{2}x - y = \frac{1}{2}$
(2) $x + y = 1$

4. a) $f(x) = -3x + 20$

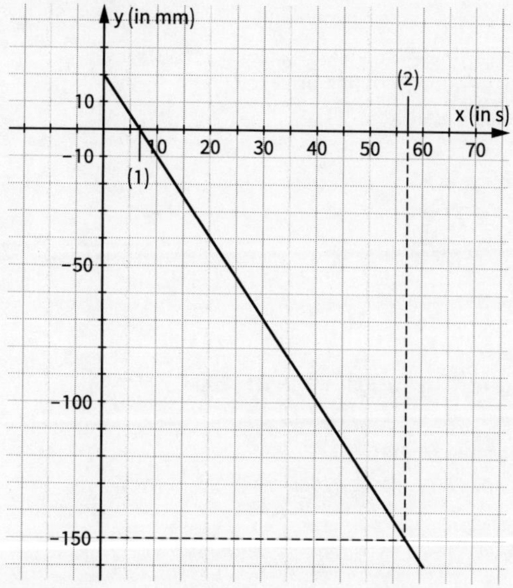

b) (1) $f(x) = -3x + 20$
$0 = -3x + 20$
$x = \frac{20}{3} \approx 6{,}7$
Der Korb ist nach 6,7 s auf dem Boden
(2) $f(x) = -3x + 20$
$-150 = -3x + 20$
$x = \frac{170}{3} \approx 56{,}7$
Der Korb ist nach 56,7 s ganz unten.

5. a) Nullstelle $x = 1{,}75$
b) Die y-Werte sind bei (1) um eine Einheit größer geworden, bei (2) um 3 Einheiten kleiner.

6. a) Ja, die drei Punkte liegen auf der Geraden $y = -\frac{4}{7}x + 4$
b) Nein, denn auf $y = \frac{5}{8}x + 0$ liegt der Punkt $(-3\,|\,-1{,}875)$.

7. a) Ja, die drei Punkte liegen auf der Geraden $y = \frac{1}{2}x + 5$.
b) Nein, denn auf $y = \frac{2}{5}x + \frac{13}{5}$ liegt der Punkt $(8\,|\,5{,}8)$

8. a) $m = -1;\ y = -x + 5$
b) $m = +\frac{1}{5};\ y = \frac{1}{5}x - 2$
c) $m = -\frac{3}{2};\ y = -\frac{3}{2}x - \frac{1}{2}$
d) $m = 0;\ y = +1{,}5$

9. $x = \frac{27}{2}$

10.

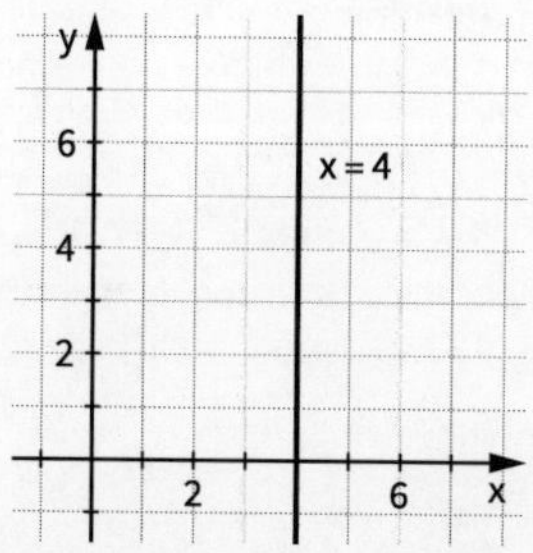

133 **11.** b gibt an, an welcher Stelle der Graph die y-Achse schneidet. m ist die Steigung des Graphen. Daraus ergibt sich ein Graph durch die beiden Punkte $(0|b)$ und $(1|b+m)$.

12. $y = 1{,}3x + 2$

Die errechneten Preise stimmen nicht mit den tatsächlichen Preisen überein, da die Taxameter auch im Stau oder beim Halten an einer roten Ampel weiter laufen.

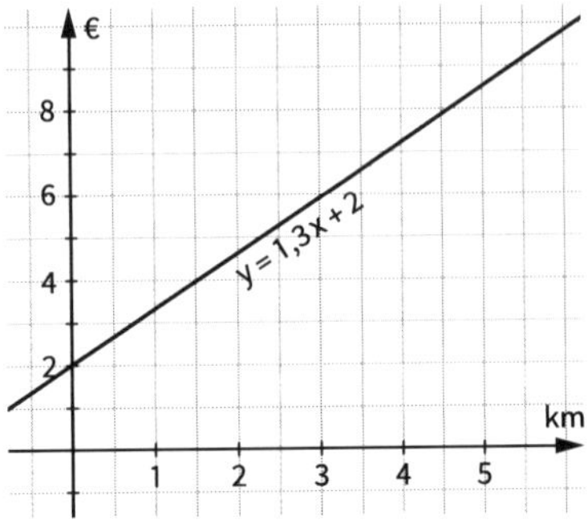

3.1 Lineare Gleichungen der Form $ax + by = c$

134 **Einstiegsaufgabe ohne Lösung:**

Je größer die Länge des Auslaufes ist, desto kleiner ist die Breite.

x: Länge des Auslaufes

y: Breite des Auslaufes

Gleichung: $y = 10 - 2x$

136 **1. a)**

x	y
−2	3
−1	3
0	3
1	3
2	3

Ein Punkt gehört immer dann zu dem Graphen, wenn seine y-Koordinate 3 ist. Die x-Koordinate kann beliebig sein.

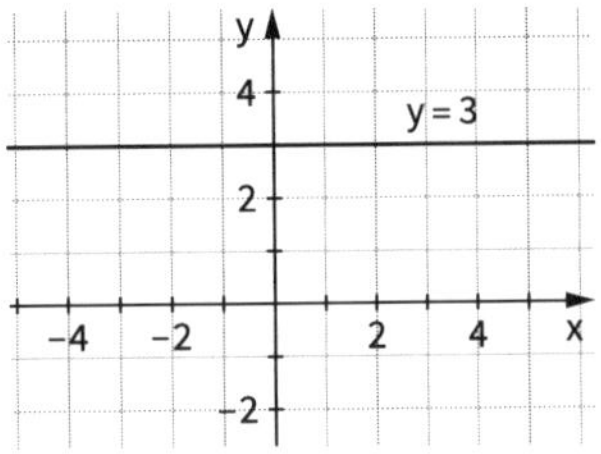

Die Gleichung $0 \cdot x + 2y = 6$ kann nach y aufgelöst werden. Man erhält: $y = 3$.
Da jedem Wert von x genau ein y-Wert zugeordnet ist, liegt eine Funktion vor.

b)

x	y
4	−2
4	−1
4	0
4	1
4	2

Ein Punkt gehört immer dann zu dem Graphen, wenn seine x-Koordinate 4 ist. Die y-Koordinate kann beliebig sein.

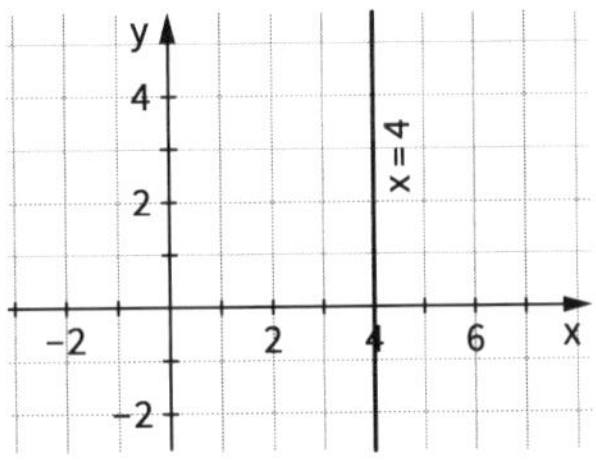

Die Gleichung $3x + 0 \cdot y = 12$ kann *nicht* nach y aufgelöst werden, da man durch 0 nicht dividieren kann. Sie kann aber nach x aufgelöst werden. Man erhält: $x = 4$.
Es liegt keine Funktion vor, weil der Stelle 4 mehrere y-Werte zugeordnet sind.
Die Zuordnung $x \rightarrow y$ ist nicht eindeutig.

136 **2.** P_2, P_3 und P_6

3. **a)** (4|4), (−1|9) **b)** $\left(0\middle|\frac{1}{4}\right)$ **c)** (1|−6), (2|0) **d)** (4|4), (−1|9)

4. **a)** (0|1); (1|0); (1|0); (−5|6); (−0,2|1,2); (1,6|−0,6)
b) (0|0); (0|0); (1|0,4); (15|6); (−0,2|−0,08); (−1,5|−0,6)
c) (0|6); (4|0); (1|4,5); (0|6); (−0,2|6,3); (4,4|−0,6)
d) (0|12); (−4|0); (1|15); (−2|6); (−0,2|11,4); (−4,2|−0,6)

5. *Beispiele:* $3x + 2y = 0$ $4x + 7y = -13$ $5x - 2y = 16$

6. –

137 **7.** **a)**

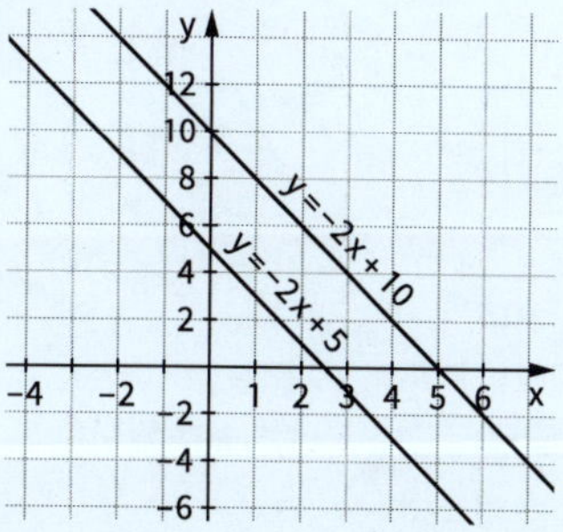

b)

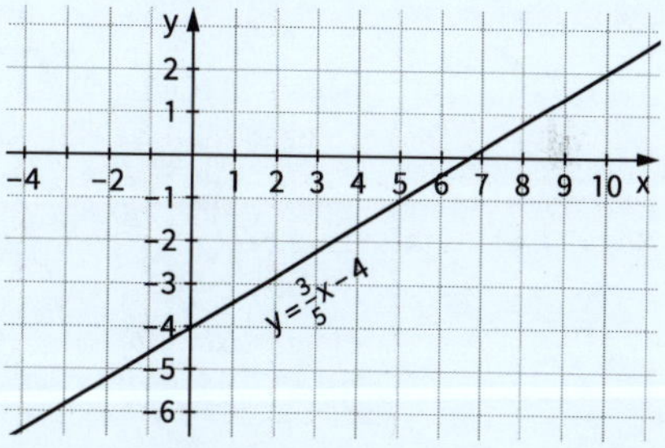

c)

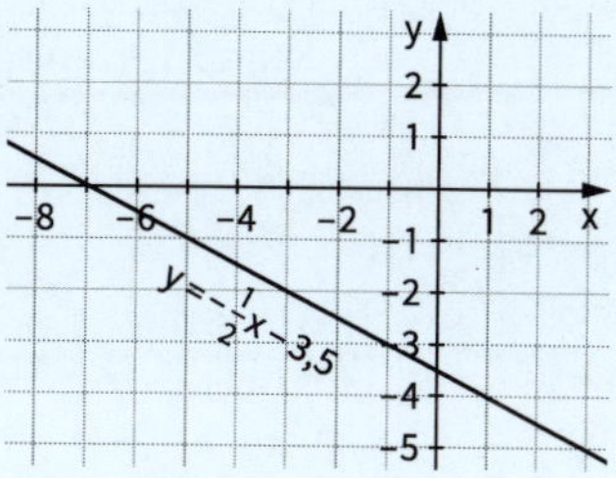

d)

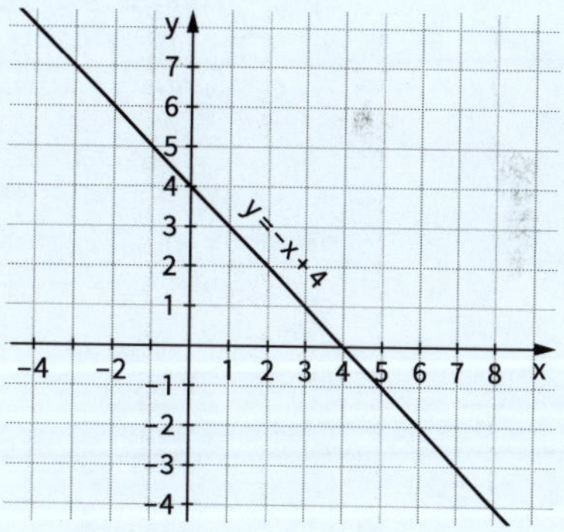

8. (−6|−3) ist falsch. Richtig ist (6|3)
(0|5) ist richtig.
(4,3|2) ist falsch. Richtig ist (4,3|3,6).
(−2|5,7) ist richtig.
(5|3,5) ist falsch. Richtig ist (5|3,3).
(5|3,5) ist doppelt.

137

9. $s \to t$

$t = \frac{3}{2}s - 6 = 1{,}5\,s - 6$

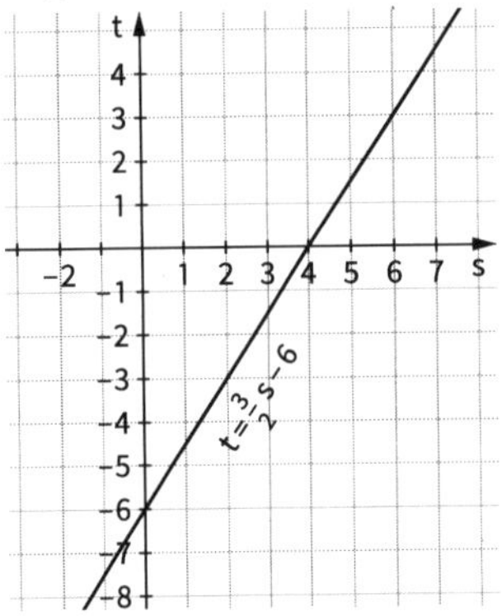

$t \to s$

$s = \frac{2}{3}t + 4$

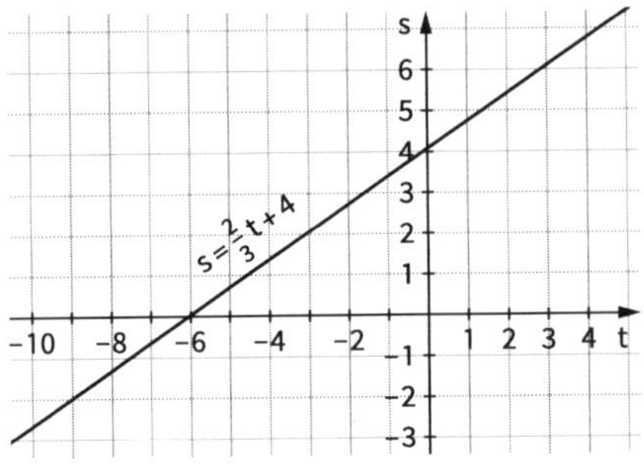

Beide Geraden schneiden die Achsen bei 4 und −6, nur vertauscht.
Spiegelt man die erste Gerade am Graphen von $y = x$, so erhält man die zweite Gerade.

10. a) $y = 4x + 5$ y-Achse: $(0\,|\,5)$ x-Achse: $(-1{,}25\,|\,0)$
b) $y = -0{,}8x + 1$ y-Achse: $(0\,|\,1)$ x-Achse: $(1{,}25\,|\,0)$
c) $y = \frac{1}{3}x$ y-Achse: $(0\,|\,0)$ x-Achse: $(0\,|\,0)$
d) $y = -2x + 3$ y-Achse: $(0\,|\,3)$ x-Achse: $(1{,}5\,|\,0)$

11. a) $(5\,|\,2)$ und $(5\,|\,-1)$
b) $(0{,}5\,|\,-1)$ und $(5\,|\,-1)$
c) Keines der Zahlenpaare ist Lösung.
d) $(1\,|\,5)$
e) Keines der Zahlenpaare ist Lösung.

12. a) $0x + y = 6$ Gerade durch: $(0\,|\,6)$; $(1\,|\,6)$
b) $x + 0y = 2$ Gerade durch: $(2\,|\,0)$; $(2\,|\,1)$
c) $0x + y = -1{,}5$ Gerade durch: $(0\,|\,-1{,}5)$; $(1\,|\,-1{,}5)$
d) $x + 0y = -5{,}5$ Gerade durch: $(-5{,}5\,|\,0)$; $(-5{,}5\,|\,1)$
e) $6x + 0y = 9$ Gerade durch: $(1{,}5\,|\,0)$; $(1{,}5\,|\,1)$
f) $0x - 2y = 1$ Gerade durch: $(0\,|\,-0{,}5)$; $(1\,|\,-0{,}5)$

13. a) $0x + y = 1{,}5$
$y = 1{,}5$
b) $0x + y = -0{,}5$
$y = -0{,}5$
c) $x + 0y = 1{,}5$
$x = 1{,}5$
d) $s + 0t = -2$
$s = -2$

In a) und b) wird jedem Wert x genau ein Funktionswert y zugeordnet. Die Geraden zu a) und b) gehören zu einer linearen Funktion.
Die Geraden zu c) und d) gehören nicht zu einer linearen Funktion, denn den Werten $x = 1{,}5$ in c) bzw. $s = -2$ in d) werden unendlich viele Funktionswerte zugeordnet.

14. a) (1) $y = -7$ (2) $x = 4$ **b)** (1) $y = 5{,}3$ (2) $x = -1{,}9$

15. $0x + y = 0$, also $y = 0$ für die x-Achse und $x + 0y = 0$, also $x = 0$ für die y-Achse.

16. Beide Aussagen sind falsch, da $0x + 0y = 0$ keine Gerade als Graph hat.

3.2 Systeme linearer Gleichungen – Grafisches Lösungsverfahren

138 **Einstiegsaufgabe ohne Lösung**

Man geht von der Annahme aus, dass die Kerzen gleichmäßig abbrennen.

Man erhält die Funktionsgleichungen:

Rote Kerze: $y = -3{,}5x + 12$

Gelbe Kerze: $y = -2{,}5x + 9$

Die zugehörigen Geraden schneiden sich im Punkt $S(3\,|\,1{,}5)$.

Die Kerzen sind 3 Stunden nach Beginn der Messung, also um 5 Uhr gleich lang, nämlich 1,5 cm.

140 **1.** (1) $L = \{(3\,|\,2)\}$; die Geraden schneiden sich.

(2) $L = \{\ \}$; beide Geraden sind parallel zueinander.

(3) $L = \{(x\,|\,y)\,|\,y = -2x - 4\}$; die Geraden sind identisch.

141 **2.** $(2\,|\,2)$

3. Das Gleichungssystem hat nur eine Lösung, und zwar das Zahlenpaar $(2\,|\,-1)$.

4. **a)** $\left|\begin{array}{l} y = 0{,}5x + 1{,}5 \\ y = 0{,}5x + 1{,}25 \end{array}\right|$ 2. Fall (parallel)

b) $\left|\begin{array}{l} y = -2x + 2{,}5 \\ y = -2x + 2{,}5 \end{array}\right|$ 3. Fall (identisch)

c) $\left|\begin{array}{l} y = -2x + 6 \\ y = -1{,}5x + 4 \end{array}\right|$ 1. Fall; Schnittpunkt $S(4\,|\,-2)$

d) $\left|\begin{array}{l} y = 0{,}5x - \frac{1}{3} \\ y = 0{,}5x + \frac{1}{3} \end{array}\right|$ 2. Fall (parallel)

e) $\left|\begin{array}{l} y = 0{,}5x - 1{,}5 \\ y = \frac{4}{9}x - \frac{4}{3} \end{array}\right|$ 1. Fall; Schnittpunkt $S(3\,|\,0)$

f) $\left|\begin{array}{l} x = 9 \\ y = \frac{2}{3}x - 2 \end{array}\right|$ 1. Fall; Schnittpunkt $S(9\,|\,4)$

g) $\left|\begin{array}{l} v = 3u - 6 \\ v = \frac{1}{3}u - 2 \end{array}\right|$ 1. Fall; Schnittpunkt $S(1{,}5\,|\,-1{,}5)$

h) $\left|\begin{array}{l} t = -\frac{1}{3}s + 2 \\ t = -\frac{1}{3}s + 1{,}5 \end{array}\right|$ 2. Fall (parallel)

5. **a)** 1. Gleichung falsch

$\left|\begin{array}{l} y + 2x = 0 \\ 2y - 6 = 2x \end{array}\right|$

$L = \{(-1\,|\,2)\}$

b) 2. Gleichung falsch

$\left|\begin{array}{l} y + x = 4 \\ 2y - 4x = -4 \end{array}\right|$

$L = \{(2\,|\,2)\}$

c) Lösung falsch

$\left|\begin{array}{l} 3y + 2x = 6 \\ 2y + x = 4 \end{array}\right|$

$L = \{(24\,|\,-14)\}$

142 **6. Druckfehler in der 1. Auflage des Schülerbandes: c)** 1. Gleichung: $y + 2x = 1{,}5$

a) $y = -x + 1$ und $y = 1{,}5x + 6$

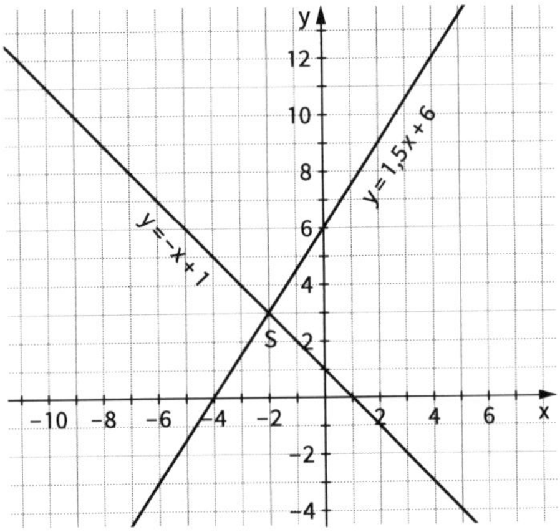

Probe für $(-2\,|\,3)$:
$-2 = 1 - 3$ und $6 \cdot (-2) + 24 = 4 \cdot 3$

b) $y = 3x + 4$ und $y = 0{,}5x + 1{,}5$

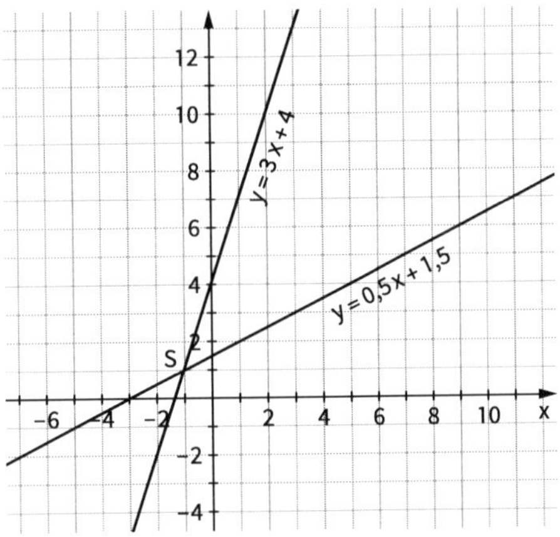

Probe für $(-1\,|\,1)$:
$6 \cdot (-1) = 2 \cdot 1 - 8$ und $8 \cdot 1 - 12 = 4 \cdot (-1)$

c) $y = -2x + 1{,}5$ und $y = 5$

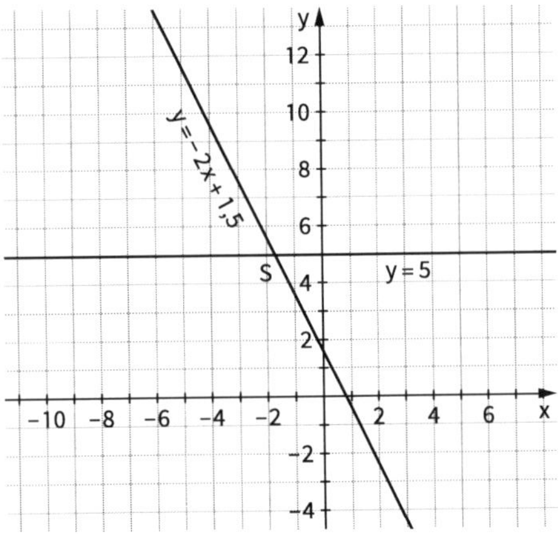

Probe für $(-1{,}75\,|\,5)$:
$5 + 2 \cdot (-1{,}75) = 1{,}5$ und $2 \cdot 5 = 10$

142 **d)** $x = 3$ und $y = 0{,}5x + 3$

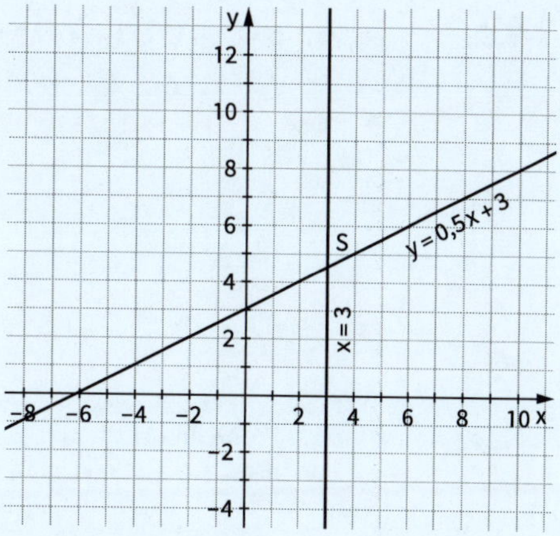

Probe für (3|4,5):
$\frac{1}{2} \cdot 3 - \frac{3}{2} = 0$ und $2 \cdot 4{,}5 - 3 = 6$

e) $y = -0{,}5x + 4$ und $x = 3$

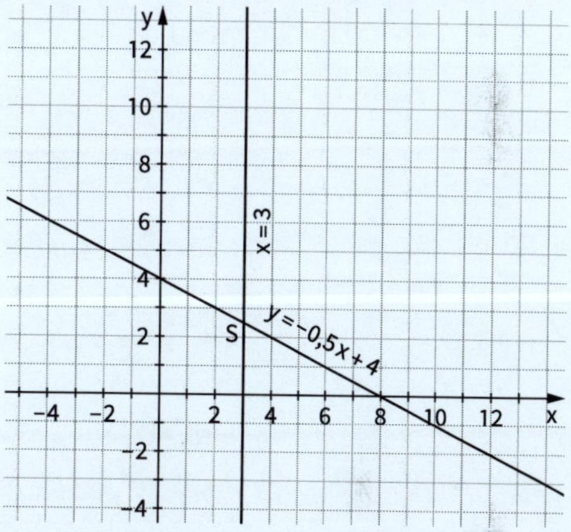

Probe für (3|2,5):
$3 + 2 \cdot 2{,}5 = 8$ und $2 \cdot 3 = 6$

f) $y = -0{,}5x + 1{,}5$ und $y = -x + 1$

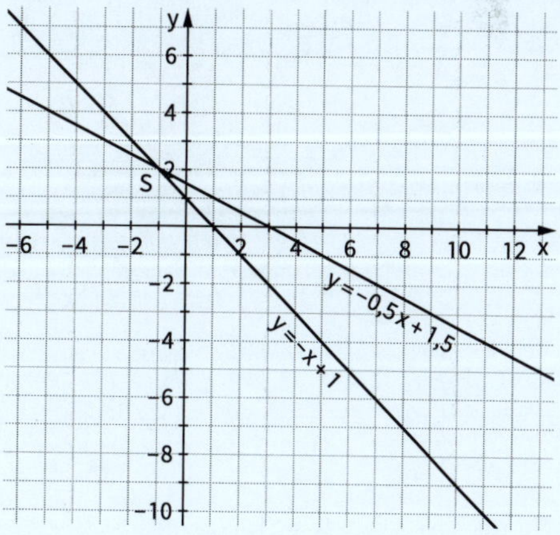

Probe für (−1|2):
$-1 + 2 \cdot 2 = 3$ und $-1 + 2 = 1$

142

g) $q = \frac{3}{4}p - 1$ und $q = -2p + 10$

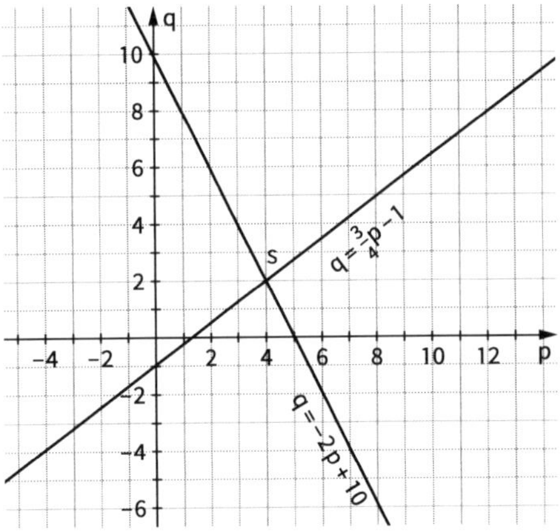

Probe für (4 | 2):
$3 \cdot 4 - 4 \cdot 2 = 4$ und $2 \cdot 4 + 2 = 10$

h) $s = -r$ und $s = 2r + 3$

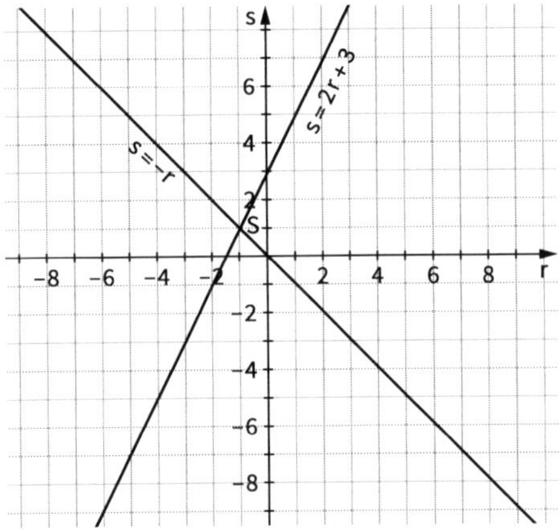

Probe für (−1 | 1):
$-1 + 1 = 0$ und $(-2) \cdot (-1) + 1 = 3$

7. (1) rot: (1 | 0); (−1 | −1)
blau: (1,5 | −2); (0 | 1)
$\left| \begin{array}{l} y = 0{,}5x - 0{,}5 \\ y = -2x + 1 \end{array} \right|$
$L = \{(0{,}6 \mid -0{,}2)\}$

(2) rot: (1 | −1); (−2 | −2)
blau: (0 | 1); (1,5 | 1,5)
$\left| \begin{array}{l} y = \frac{1}{3}x - \frac{4}{3} \\ y = \frac{1}{3}x + 1 \end{array} \right|$
$L = \{\ \}$

(3) rot: (0 | 1); (2 | 0)
blau: (0 | 1); (2 | 0)
$\left| \begin{array}{l} y = -0{,}5x + 1 \\ y = -0{,}5x + 1 \end{array} \right|$
$L = \{(x \mid y) \mid y = -0{,}5x + 1\}$

(4) rot: $\left(\frac{3}{2} \middle| y\right)$
blau: (0 | 2); (−1,5 | 3)
$\left| \begin{array}{l} x = \frac{3}{2} \\ y = -\frac{2}{3}x + 2 \end{array} \right|$
$L = \{(1{,}5 \mid 1)\}$

8. Beispiele:
(1) $2x - 5y = 4$ (2) $2x + 5y = 3$ (3) $4x - 10y = 6$

9. **a)** $L = \left\{\left(2\frac{1}{8} \middle| 2\frac{5}{8}\right)\right\} = \{(2{,}125 \mid 2{,}625)\}$

b) $L = \left\{\left(\frac{332}{255} \middle| -\frac{54\,481}{25\,500}\right)\right\} \approx \{(1{,}3019 \mid -2{,}136)\}$

c) $L = \left\{\left(\frac{770}{711} \middle| \frac{343}{711}\right)\right\} \approx \{(1{,}0829 \mid 0{,}4824)\}$

d) $L = \left\{\left(2\frac{2}{3} \middle| 6\frac{3}{5}\right)\right\}$

142

10. x: Gasverbrauch (in m³); y: Gesamtkosten (in €)

Gleichungssystem: $\begin{vmatrix} y = 0{,}6x + 10 \\ y = 0{,}4x + 15 \end{vmatrix}$ $L = \{(25 \mid 25)\}$

Familie Siede hat im April 25 m³ Gas verbraucht und muss 25 € bezahlen.

11. x: Anzahl der Karten für Erwachsene; y: Anzahl der Karten für Jugendliche

Gleichungssystem: $\begin{vmatrix} 10x + 5y = 700 \\ x + \quad y = 100 \end{vmatrix}$ $L = \{(40 \mid 60)\}$

Es wurden 40 Karten an Erwachsene und 60 Karten an Jugendliche verkauft.

12. x: Anzahl der Dreibettzimmer; y: Anzahl der Fünfbettzimmer.

Gleichungssystem: $\begin{vmatrix} 3x + 5y = 145 \\ x + \quad y = 35 \end{vmatrix}$ $L = \{(15 \mid 20)\}$

Die Jugendherberge hat 15 Drei- und 20 Fünfbettzimmer.

13. x: Anzahl der Container zu 10 t; y: Anzahl der Container zu 12 t.

Gleichungssystem: $\begin{vmatrix} 10x + 12y = 148 \\ x + \quad y = 14 \end{vmatrix}$ $L = \{(10 \mid 4)\}$

Es sind 10 Container zu 10 t und 4 Container zu 12 t geladen.

14. x: Anzahl der 20-€-Scheine; y: Anzahl der 50-€-Scheine.

Gleichungssystem: $\begin{vmatrix} 2x + 50y = 600 \\ y = 2x \end{vmatrix}$ $L = \{(5 \mid 10)\}$

Es sind 5 20-€-Scheine und 10 50-€-Scheine.

3.3 Gleichsetzungsverfahren

143

Einstiegsaufgabe ohne Lösung

Die Geraden schneiden sich im Punkt $S\left(1\frac{2}{3} \middle| \frac{2}{3}\right)$. Das kann man nur ungenau ablesen. Rechnerisch erhält man:

$x - 1 = -2x + 4 \quad | +2x + 1$

$3x = 5 \quad | :3$

$x = \frac{5}{3}$

Eingesetzt in die 1. bzw. 2. Gleichung erhält man daraus $y = \frac{2}{3}$.

$L = \left\{\left(1\frac{2}{3} \middle| \frac{2}{3}\right)\right\}$

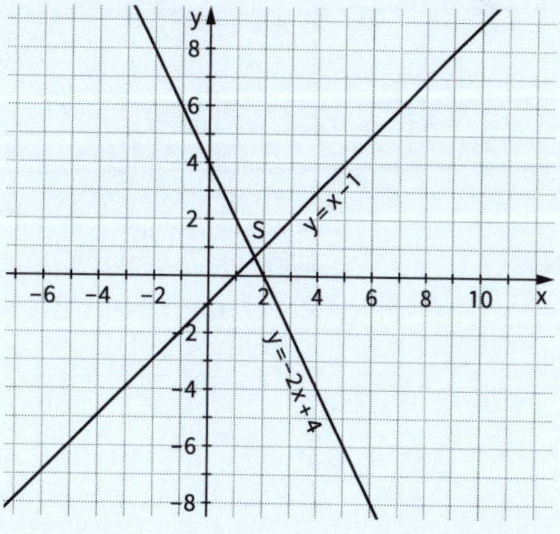

144

1. a) $L = \{(3 \mid -5)\}$ **b)** $L = \{(2 \mid -4)\}$ **c)** $L = \left\{\left(5\frac{15}{31} \middle| -\frac{14}{31}\right)\right\}$ **d)** $L = \left\{\left(6\frac{3}{7} \middle| 4\frac{1}{7}\right)\right\}$

2. a) $L = \{(5 \mid 1{,}8)\}$ **b)** $L = \{(10 \mid -7)\}$ **c)** $L = \{(2 \mid 0)\}$ **d)** $L = \{(3 \mid 5)\}$

144 **3.** **a)** $L=\{(8|5)\}$ **c)** $L=\{(12|6)\}$ **e)** $L=\{(11|29)\}$ **g)** $L=\{(0,4|1,3)\}$

b) $L=\left\{\left(\frac{5}{7}\middle|-3\frac{1}{7}\right)\right\}$ **d)** $L=\{(11|-2)\}$ **f)** $L=\left\{\left(-2\frac{2}{3}\middle|-1\frac{2}{3}\right)\right\}$ **h)** $L=\left\{\left(1\middle|\frac{1}{6}\right)\right\}$

3.4 Einsetzungsverfahren

145 **1.** **a)** $L=\{(2|-8)\}$ **b)** $L=\{(-1,5|-2,5)\}$ **c)** $L=\{(2|-1)\}$ **d)** $L=\{(-3,5|-0,5)\}$

2. **Druckfehler in der 1. Auflage des Schülerbandes: b)** 2. Gleichung: $\frac{1}{6}y=5x+9$

a) $L=\left\{\left(4\middle|2\frac{1}{7}\right)\right\}$ **b)** $L=\left\{\left(\frac{1}{2}\middle|69\right)\right\}$ **c)** $L=\{(-2|-3)\}$ **d)** $L=\{(-7|-1)\}$

3.5 Additionsverfahren

146 **Einstiegsaufgabe ohne Lösung**

x: Preis für 1 Flasche Cola; y: Preis für 1 Flasche Apfelsaft

$$\left|\begin{array}{l} 30x+25y=53 \\ 25x+30y=51,5 \end{array}\right|$$

$L=\{(1,1|0,8)\}$ 1 Flasche Cola kostet 1,10 €, 1 Flasche Apfelsaft 0,80 €.

147 **1.** $L=\{(2|-3)\}$

2. **a)** $L=\{(2|1)\}$ **d)** $L=\{(4|-3)\}$ **g)** $L=\{(-4|-2)\}$

b) $L=\{(-2|1)\}$ **e)** $L=\{(5|1)\}$ **h)** $L=\left\{\left(\frac{2}{3}\middle|0\right)\right\}$

c) $L=\{(-3|4)\}$ **f)** $L=\{(-2|3)\}$ **i)** $L=\{(0,5|0)\}$

148 **3.** **a)** $L=\{(-2|3)\}$ **c)** $L=\{(0|-1,25)\}$ **e)** $L=\{\ \}$

b) $L=\{\ \}$ **d)** $L=\{(0,5|4)\}$ **f)** $L=\{(2|6)\}$

4. Beim Gleichungssytem links wäre es einfacher, die 1. Gleichung mit 3 und die 2. Gleichung mit –2 zu multiplizieren.
Beim Gleichungssytem rechts wäre es einfacher, die 1. Gleichung mit 3 und die 2. Gleichung mit 2 zu multipliezieren.
$L=\{(3|2)\}$; $L=\{(-2|3)\}$; $L=\{(-2|0)\}$

5. **a)** $L=\{(27|-15)\}$ **d)** $L=\{(40|56)\}$ **g)** $L=\left\{\left(6\middle|4\frac{2}{3}\right)\right\}$

b) $L=\{(11|8)\}$ **e)** $L=\{(8|5)\}$ **h)** $L=\{(1|2)\}$

c) $L=\{(10|3)\}$ **f)** $L=(\{-0,75|6,75)\}$

6. **a)** $L=\{(9|7)\}$ **c)** $L=\{(10|21)\}$ **e)** $L=\{(5|2)\}$

b) $L=\{(1|0,5)\}$ **d)** $L=\{(1,1|2,2)\}$ **f)** $L=\{(3|2)\}$

3.6 Sonderfälle beim rechnerischen Lösen

149 **Einstiegsaufgabe ohne Lösung**

Team 1 und 5: $L = \{\ \}$

Die Geraden sind parallel zueinander.

Team 2 und 6: $L = \left\{(x\,|\,y)\;\middle|\; y = -\frac{1}{2}x + \frac{1}{2}\right\}$

Die Geraden sind identisch.

Team 3 und 7: $L = \left\{(x\,|\,y)\;\middle|\; y = -\frac{1}{8}x + \frac{3}{4}\right\}$

Die Geraden sind identisch.

Team 4 und 8: $L = \{\ \}$

Die Geraden sind parallel zueinander.

150 **1.** (1) $L = \{\ \}$ Die Geraden sind parallel zueinander.

(2) $L = \left\{(x\,|\,y)\;\middle|\; y = \frac{1}{2}x - \frac{3}{2}\right\}$ Die Geraden sind identisch.

2. (1) $L = \left\{(x\,|\,y)\;\middle|\; y = \frac{1}{2}x + \frac{1}{4}\right\}$; z. B. $\left(0\,\middle|\,\frac{1}{4}\right), \left(-2\,\middle|\,\frac{3}{4}\right), \left(2\,\middle|\,1\frac{1}{4}\right)$

(2) $L = \{\ \}$

(3) $L = \{\ \}$

(4) $L = \{(x\,|\,y)\,|\,y = 6x\}$; z. B. $(0\,|\,0), (-1\,|\,-6), (1\,|\,6)$

(5) $L = \left\{(x\,|\,y)\;\middle|\; y = \frac{3}{2}x - 3\right\}$; z. B. $(0\,|\,-3), (-2\,|\,-6), (2\,|\,0)$

(6) $L = \{\ \}$

3. **a)** Das Gleichungssystem wurde richtig gelöst, aber $L = \left\{(x\,|\,y)\;\middle|\; y = \frac{3}{2}x + \frac{3}{4}\right\}$.

b) Fehler: $0 = 8$ statt $0 = 0$; $L = \{\ \}$.

c) Die Aufgabe ist falsch gelöst. Wenn man die zweite Gleichung mit – 1 multipliziert, erhält man das Gleichungssystem $\left|\begin{matrix} u + 2y = 0 \\ -u + 3y = 0 \end{matrix}\right|$. Durch Addieren kommt man zu der Lösung: $L = \{(0\,|\,0)\}$.

4. (1) und L_c (2) und L_d (3) und L_b (4) und L_a (5) und L_e

3.7 Vermischte Übungen

151 **1.** **a)** $L = \{(3\,|\,-3)\}$

b) $L = \{\ \}$

c) $L = \{(u\,|\,v)\,|\,v = -0{,}5u + 1{,}5\}$

d) $L = \left\{\left(1\frac{4}{7}\,\middle|\,4\frac{5}{7}\right)\right\}$

e) $L = \left\{\left(-\frac{10}{3}\,\middle|\,\frac{4}{3}\right)\right\}$

f) $L = \{(-1\,|\,4)\}$

g) $L = \{(x\,|\,y)\,|\,y = -4x + 5\}$

h) $L = \{(-1\,|\,-2)\}$

i) $L = \{\ \}$

j) $L = \{(-15\,|\,-2{,}5)\}$

k) $L = \left\{\left(\frac{5}{9}\,\middle|\,2\frac{1}{6}\right)\right\}$

l) $L = \{(x\,|\,y)\,|\,y = 1{,}5x\}$

151

2. **a)** Im zweiten Gleichungssystem ist die zweite Gleichung falsch: $4x - 4x = 3$.
Die Lösungsmenge ist richtig: $L = \{\ \}$

b) Aus der ersten Gleichung im zweiten Gleichungssystem erhält man $x = 0$, also:
$L = \{0 \mid 0\}$

c) $L = \{(x \mid y) \mid y = 0{,}25x - 0{,}75\}$

3. **a)** $L = \{(1 \mid 7)\}$
b) $L = \{(-3 \mid 4)\}$
c) $L = \{(5 \mid 3)\}$
d) $L = \{\ \}$
e) $L = \{(2 \mid 4)\}$
f) $L = \{(0{,}5 \mid 0{,}25)\}$
g) $L = \left\{\left(1 \mid -\frac{1}{3}\right)\right\}$
h) $L = \{(2{,}5 \mid 1{,}5)\}$
i) $L = \{(4 \mid -6)\}$

4. **a)** $L = \{(-2 \mid 4)\}$

b) $L = \{(x \mid y) \mid y = 0{,}125x + 2\}$; $(0 \mid 2), (-8 \mid 1), (4 \mid 2{,}5)$

c) $L = \{(-85 \mid -1\,177)\}$

d) $L = \left\{\left(-1\frac{2}{13} \mid -\frac{27}{650}\right)\right\}$

5. Beispiele:

a) $\begin{vmatrix} y = 2x + 4{,}7 \\ y = -7x + 4{,}7 \end{vmatrix}$

b) $\begin{vmatrix} 2x + y = 3{,}7 + 2x \\ 4x + 7{,}4 = 2y + 4x \end{vmatrix}$

c) $\begin{vmatrix} y = 2x + 5 \\ y = 2x + 9 \end{vmatrix}$

d) $\begin{vmatrix} y = 0 \\ x = -2{,}8 \end{vmatrix}$

e) $\begin{vmatrix} 2y = -x + 6 \\ \frac{1}{2}x = -y + 3 \end{vmatrix}$

f) $\begin{vmatrix} y = 3x \\ 1{,}5x - 0{,}3 = -y - 0{,}3 \end{vmatrix}$

6. Beispiele:
(1) $2x - 5y = 4$ (2) $3x + 5y = 22$ (3) $-4x + 10y = -6$

7. x: Anzahl der Hühner; y: Anzahl der Kaninchen
Gleichungssystem: $\begin{vmatrix} x + y = 35 \\ 2x + 4y = 94 \end{vmatrix}$; Lösungsmenge: $L = \{(23 \mid 12)\}$
Es sind 23 Hühner und 12 Kaninchen.

8. Das Gleichungssystem führt zur Lösungsmenge $L = \{(-7{,}5 \mid -7{,}5)\}$.
Die gesuchten beiden Zahlen sind jeweils $-7{,}5$.

Blickpunkt: Lösen linearer Gleichungssysteme mithilfe des GTR

152

1. –

2. –

153

3. **a)** $L = \{(-1 \mid -7)\}$

b) $L = \{(-10{,}8 \mid 18{,}2)\}$

c) $L = \left\{\left(\frac{199}{390} \mid \frac{14}{195}\right)\right\}$

d) $L = \left\{\left(6\frac{2\,468}{5\,385} \mid -\frac{4\,066}{5\,385}\right)\right\} \approx \{(6{,}458 \mid -0{,}755)\}$

153

4. **a)** $\begin{vmatrix} -1x+2y=3 \\ 2x-4y=1 \end{vmatrix}$ $L=\{\ \}$

Sonderfall: keine Lösung des Gleichungssystems, da es keine x und y gibt, sodass $0x+0y=1$ erfüllt ist.

b) $\begin{vmatrix} x+2y=3 \\ 4x+8y=12 \end{vmatrix}$ $L=\{(x|y)\,|\,y=-0{,}5x+1{,}5)\}$

Sonderfall: unendlich viele Lösungen, die die Gleichung $y=-0{,}5x+1{,}5$ erfüllen.

5. **a)** (1) $L=\{\ \}$ (2) $L=\{(x|y)\,|\,y=0{,}25x+1{,}5\}$ (3) $L=\{\ \}$

b) (1) $L=\left\{(x|y)\,\middle|\,y=\frac{2}{3}x-\frac{5}{3}\right\}$ (2) $L=\{\ \}$ (3) $L=\left\{\left(\frac{475}{709}\,\middle|\,-\frac{558}{709}\right)\right\}$

3.8 Modellieren mithilfe linearer Gleichungssysteme

154

Einstiegsaufgabe ohne Lösung

Man geht davon aus, dass alle Anzeigen eines Formats gleich viel kosten, es also z. B. keinen Mengenrabatt gibt.

x: Kosten einer Anzeige im Format XL (in €)

y: Kosten einer Anzeige im Format L (in €)

Gleichungssystem: $\begin{vmatrix} 4x+8y=15\,400 \\ 2x+10y=14\,000 \end{vmatrix}$

Lösungsmenge: $L=\{1\,750\,|\,1\,050\}$

Eine Anzeige im Format XL kostet 1 750 €, eine Anzeige im Format L kostet 1 050 €.

156

1. Wir gehen davon aus, dass an den Enden die Ecken im Winkel von 45° abgeschnitten werden.

x: Länge des Rahmens (in m)

y: Breite des Rahmens (in m)

(1) Gleichungssystem: $\begin{vmatrix} x=2y \\ 2x+2y=3 \end{vmatrix}$ Lösungsmenge: $L=\{(1\,|\,0{,}5)\}$

Der Rahmen wird 1,00 m lang und 0,50 m breit.

(2) Gleichungssystem: $\begin{vmatrix} x=3y \\ 2x+2y=3 \end{vmatrix}$ Lösungsmenge: $L=\left\{\left(\frac{9}{8}\,\middle|\,\frac{3}{8}\right)\right\}=\{(1{,}125\,|\,0{,}375)\}$

Der Rahmen wird 1,125 m lang und 0,375 m breit.

(3) Gleichungssystem: $\begin{vmatrix} x=4y \\ 2x+2y=3 \end{vmatrix}$ Lösungsmenge: $L=\left\{\left(\frac{6}{5}\,\middle|\,\frac{3}{10}\right)\right\}=\{(1{,}2\,|\,0{,}3)\}$

Der Rahmen wird 1,20 m lang und 0,30 m breit.

2. x: Basislänge (in cm)

y: Schenkellänge (in cm)

a) $\begin{vmatrix} x+2y=40 \\ y=x+5 \end{vmatrix}$

$L=\{(10\,|\,15)\}$

Die Basis ist 10 cm, die Schenkel sind 15 cm lang.

b) $\begin{vmatrix} x+2y=40 \\ y=x-5 \end{vmatrix}$

$L=\left\{\left(\frac{50}{3}\,\middle|\,\frac{35}{3}\right)\right\}$

Die Basis ist $16\frac{2}{3}$ cm ≈ 16,7 cm, die Schenkel sind $11\frac{2}{3}$ cm ≈ 11,7 cm lang.

156

3. x: Länge der 1. Strecke bzw. der Basis (in cm)
y: Länge der längeren Strecke bzw. des Schenkels (in cm)

$$\begin{vmatrix} x + 24 = y \\ x + y \;\; = 44 \end{vmatrix} \qquad L = \{(10 \mid 34)\}$$

Im gesuchten gleichschenkligen Dreieck sind die Basis 10 cm und die Schenkel 34 cm lang.

4. x: Länge der kürzeren Seite (in cm)
y: Länge der längeren Seite (in cm)

a) $$\begin{vmatrix} 2x + 2y = x + 10 \\ 2x + 2y = y + 5 \end{vmatrix} \qquad L = \{(0 \mid 5)\}$$

Es gibt kein Rechteck mit den geforderten Eigenschaften, denn ein Rechteck besitzt positive Seitenlängen.

b) $$\begin{vmatrix} 2x + 2y \quad = 20 \\ 2x + 2(y - 5) = 10 \end{vmatrix} \qquad L = \{(x \mid y) \mid y = -x + 10\}$$

Ja, alle Rechtecke mit einem Umfang von 20 cm haben diese Eigenschaft.

5. x: Seitenlänge der quadratischen Seitenflächen (in cm)
y: Länge der übrigen Kanten des Quaders (in cm)

$$\begin{vmatrix} 8x + 4y = 88 \\ 16x + 2y = 88 + 28 \end{vmatrix} \qquad L = \{(6 \mid 10)\}$$

Der ursprüngliche Quader hat die Kantenlängen 6 cm, 6 cm, 10 cm. Der zweite Quader hat die Kantenlängen 12 cm, 12 cm, 5 cm.

6. x, y: Länge der am rechten Winkel anliegenden Seiten (in cm)

$$\begin{vmatrix} \frac{1}{2}xy = \frac{1}{2}(x + 2)(y + 2) - 14 \\ \frac{1}{2}xy = \frac{1}{2}(x - 2)(y - 2) + 10 \end{vmatrix}$$

$$\begin{vmatrix} 12 = x + y \\ -12 = -x - y \end{vmatrix} \qquad L = \{y = 12 - x \mid x, y > 2\}$$

Die am rechten Winkel anliegenden Seiten müssen zusammen 12 cm lang sein.
Die kürzeste Seite muss länger als 2 cm sein.

7. x: Zinssatz für 12 000-€-Konto
y: Zinssatz für 8 000-€-Konto

$$\begin{vmatrix} 12\,000x + \;\; 8\,000y = 535 \\ 8\,000x + 12\,000y = 540 \end{vmatrix} \qquad L = \{(0{,}02625 \mid 0{,}0275)\}$$

Die Zinssätze betragen 2,625 % und 2,75 %.

8. x: Arbeitspreis (in € pro kWh)
y: Grundgebühr (in €)

$$\begin{vmatrix} 426x + y = 146{,}08 \\ 458x + y = 156{,}64 \end{vmatrix} \qquad L = \{(0{,}33 \mid 5{,}50)\}$$

Der Arbeitspreis beträgt 0,33 €, die Grundgebühr 5,50 €.

157

9. x: Preis eines Weizenbrötchens (in €)
y: Preis eines Roggenbrötchens (in €)

$$\begin{vmatrix} 6x + 2y = 3{,}60 \\ 4x + 4y = 4{,}00 \end{vmatrix} \qquad L = \{(0{,}4 \mid 0{,}6)\}$$

Weizenbrötchen kosten 0,40 €, Roggenbrötchen 0,60 €.

157 **10.** s: Entfernung von Wernigerode (in km)
t: Gefahrene Zeit (in h)
$\left|\begin{array}{l} s = 14t \\ s = -16t + 12 \end{array}\right| \qquad L = \{(5{,}6 \mid 0{,}4)\}$
Anna und Felix treffen sich nach 0,4 h = 24 min. Sie sind dann 5,6 km von Wernigerode und 6,4 km von Blankenburg entfernt.

11. s: Entfernung von New York (in sm)
t: Zeit, die das Frachtschiff unterwegs ist (in h)
$\left|\begin{array}{l} s = 21t + 1{,}5 \cdot 24 \cdot 21 \\ s = 28t \end{array}\right| \qquad L = \{(3\,024 \mid 144)\}$
Das Frachtschiff ist dann 144 Stunden, also 6 Tage, unterwegs, der Schnelldampfer $4\frac{1}{2}$ Tage.
Sie sind dann 3 024 sm, also etwa 5 600 km, von New York entfernt.

12. Der Sonderzug fährt mit einer Geschwindigkeit von 130 km/h.
t: Zeit, die der Güterzug unterwegs ist (in h)
s: Entfernung von Lüneburg (in km)
$s = 60t$
$s = 130t - 130 \cdot \frac{1}{6} \qquad t = \frac{13}{42}\,\text{h} \approx 18{,}6\,\text{min}; \; s = \frac{130}{7}\,\text{km} \approx 18{,}6\,\text{km}$
Nach ungefähr 18,6 min (ab 8:57 Uhr gerechnet), also um etwa 9:16 Uhr überholt der Sonderzug den Güterzug. Beide Züge sind dann noch etwa 111 km von Potsdam entfernt.

13. s: Entfernung von Hannover (in km)
v: Geschwindigkeit des 2. Autos $\left(\text{in } \frac{\text{km}}{\text{h}}\right)$
$\left|\begin{array}{l} s = 4 \cdot 80 \\ s = -4v + 500 \end{array}\right| \qquad L = \{(320 \mid 45)\}$
Das zweite Auto fährt mit der Geschwindigkeit $45\,\frac{\text{km}}{\text{h}}$. Der Treffpunkt ist 320 km von Hannover und 180 km von Nürnberg entfernt.

14. t_1: Zeit, die Tim aus Köthen unterwegs ist (in h)
t_2: Zeit, die Lotta aus Dessau-Roßlau länger oder kürzer als Tim aus Köthen unterwegs ist (in h).
$\left|\begin{array}{l} 5 = 20 \cdot t_1 \\ 5 = -18 \cdot t_1 - 18 \cdot t_2 + 20 \end{array}\right| \qquad L = \left\{\left(\frac{1}{4} \,\middle|\, \frac{7}{12}\right)\right\}$
Tim aus Köthen ist $\frac{1}{4}$ h unterwegs. Sie treffen sich also um 10:15 Uhr. Lotta aus Dessau-Roßlau ist $\frac{7}{12}$ h früher abgefahren als Tim aus Köthen, also um 9:25 Uhr.

15. s: Entfernung von Stadt A bis zum Treffpunkt (in km)
t: Zeit, die der Güterzug aus Stadt A bis zum Treffpunkt unterwegs ist (in h)
$\left|\begin{array}{l} s = 50t \\ s = -60t + 60 \cdot 0{,}5 + 80 \end{array}\right| \qquad L = \{(50 \mid 1)\}$
1 h nach Abfahrt des Zuges aus Stadt A, also um 10:00 Uhr treffen sich die Züge.
Der Treffunkt ist 50 km von A und 30 km von B entfernt.

3.9 Lineare Gleichungssysteme mit drei Variablen – Gauss-Algorithmus

158

Einstiegsaufgabe ohne Lösung

Das lineare Gleichungssystem wird mithilfe des Additionsverfahrens gelöst.
Dabei wurde im gegebenen Gleichungssystem die erste und die zweite Gleichung sowie die erste und die dritte Gleichung so miteinander kombiniert, dass jeweils die Variable x eliminiert wird.

$$\left|\begin{array}{r} x+y+3z=12 \\ 4y+2z=14 \\ 8y-4z=4 \end{array}\right| \begin{array}{l} \\ \cdot(-2) \\ \leftarrow \oplus \end{array}$$

$$\left|\begin{array}{r} x+y+3z=12 \\ 4y+2z=14 \\ -8z=-24 \end{array}\right| \begin{array}{l} \\ \\ :(-8) \end{array}$$

$$\left|\begin{array}{r} x+y+3z=12 \\ 4y+2z=14 \\ z=3 \end{array}\right| \text{ Einsetzen und vereinfachen}$$

$$\left|\begin{array}{r} x+y=3 \\ 4y=8 \\ z=3 \end{array}\right| \begin{array}{l} \\ :4 \\ \\ \end{array}$$

$$\left|\begin{array}{r} x+y=3 \\ y=2 \\ z=3 \end{array}\right| \text{ Einsetzen und vereinfachen}$$

$$\left|\begin{array}{r} x=1 \\ y=2 \\ z=3 \end{array}\right| \quad L=\{(1|2|3)\}$$

159

1. In der erweiterten Koeffizientenmatrix notiert man nur die Koeffizienten der Variablen der linken Seiten sowie die Zahlen der rechten Seiten aller Gleichungen.
Dann führt man den Gauss-Algorithmus durch und erzeugt die Dreiecksgestalt.

Das so erhaltene Gleichungssystem lautet: $\left|\begin{array}{r} 2x+2y+3z=15 \\ 4y+7z=17 \\ z=3 \end{array}\right|$

Durch Einsetzen und vereinfachen erhält man $y=-1$ und $x=4$. Damit hat das lineare Gleichungssystem die Lösungsmenge: $L=\{(4|-1|3)\}$

160

2. **a)** $L=\{(-1|2)\}$ **b)** $L=\{(-2|1|1)\}$ **c)** $L=\{(42|42|42)\}$ **d)** $L=\left\{\left(\frac{9}{8}\middle|0\middle|\frac{7}{4}\right)\right\}$

3. **a)** $L=\{(-12|-17|1)\}$ **b)** $L=\{(1|-2|3)\}$ **c)** $L=\left(\frac{10}{23}\middle|\frac{49}{23}\middle|-\frac{22}{23}\middle|2\right)$

4. Mögliche Beispiele:

a) $\left|\begin{array}{r} 4a-b+2c=8 \\ a+2b-2c=9 \\ 2a+b-c=9 \end{array}\right|$ hat die Lösung $(3|2|-1)$.

b) $\left|\begin{array}{r} 2a-3b+c+d=-4 \\ a+3b-c+2d=13 \\ 5a+b+2c-2d=-11 \\ a+b+c-2d=-7 \end{array}\right|$ hat die Lösung $(-1|2|0|4)$.

c) –

160

5. 30 ist der Hauptnenner aller vorkommenden Brüche. Multiplizieren einer Gleichung mit einer Zahl ungleich null ist eine Äquivalenzumformung, die die Lösungsmenge einer Gleichung nicht verändert.

$$\left|\begin{array}{l} 6x-20y+5z=37 \\ 9x+10y-10z=-2 \\ 5x+6z=16 \end{array}\right| \begin{array}{l} \cdot 3,\ \cdot 5 \\ \cdot(-2) \\ \cdot(-6) \end{array}$$

$$\left|\begin{array}{l} 6x-20y+5z=37 \\ -80y+35z=115 \\ -100y-11z=89 \end{array}\right| \begin{array}{l} \\ \cdot 5 \\ \cdot(-4) \end{array}$$

$$\left|\begin{array}{l} 6x-20y+5z=37 \\ -80y+35z=115 \\ 219z=219 \end{array}\right| \Rightarrow \left|\begin{array}{l} 6x-20y+5z=37 \\ -80y+35z=115 \\ z=1 \end{array}\right| \Rightarrow$$

$$\left|\begin{array}{l} 6x-20y=32 \\ -80y=80 \\ z=1 \end{array}\right| \Rightarrow \left|\begin{array}{l} 6x-20y=32 \\ y=-1 \\ z=1 \end{array}\right| \Rightarrow$$

$$\left|\begin{array}{l} 6x=12 \\ y=-1 \\ z=1 \end{array}\right| \Rightarrow \left|\begin{array}{l} x=2 \\ y=-1 \\ z=1 \end{array}\right|$$

$L=\{(2|-1|1)\}$

6. $\left(\begin{array}{ccc|c} 3 & -1 & 2 & 35 \\ 0 & 6 & -3 & -21 \\ 0 & 0 & -4 & -12 \end{array}\right) |:(-4)$ $\quad \left(\begin{array}{ccc|c} 3 & -1 & 2 & 35 \\ 0 & 6 & -3 & -21 \\ 0 & 0 & 1 & 3 \end{array}\right)$

$\left(\begin{array}{ccc|c} 3 & -1 & 0 & 29 \\ 0 & 6 & 0 & -12 \\ 0 & 0 & 1 & 3 \end{array}\right) |:6$ $\quad \left(\begin{array}{ccc|c} 3 & -1 & 0 & 29 \\ 0 & 1 & 0 & -2 \\ 0 & 0 & 1 & 3 \end{array}\right)$

$\left(\begin{array}{ccc|c} 3 & 0 & 0 & 27 \\ 0 & 1 & 0 & -2 \\ 0 & 0 & 1 & 3 \end{array}\right) |:3$ $\quad \left(\begin{array}{ccc|c} 1 & 0 & 0 & 9 \\ 0 & 1 & 0 & -2 \\ 0 & 0 & 1 & 3 \end{array}\right)$

$L=\{(9|-2|3)\}$

7. **a)** $y=x^2+3x-2$
b) $y=2x^2-x+1$
c) $y=0{,}6x^2-1{,}5x+2{,}6$
d) $y=0{,}75x^2+x-3$

8. Mit a: Anzahl Sortiment 1, b: Anzahl Sortiment 2, c: Anzahl Sortiment 3 ergibt sich das Gleichungssystem:

$$\left|\begin{array}{l} 2a+3b+4c=1890 \\ 2a+6b+2c=2400 \\ 4a+b+c=1690 \end{array}\right| \Rightarrow a=330;\ b=250;\ c=120.$$

Das Lager kann also geräumt werden mit 330-mal Sortiment 1, 250-mal Sortiment 2 und 120-mal Sortiment 3.

161 **9.** **a)** $L=\left\{\left(\frac{4}{3}\middle|-\frac{8}{3}\middle|\frac{10}{3}\right)\right\}$ **b)** $L=\{\ \}$ **c)** $L=\{(3|0|-1)\}$ **d)** $L=\{(0|0|0)\}$

10. (1) Das System besitzt die eindeutige Lösung $x=1;\ y=2$.
(2) Das System besitzt keine Lösung.
(3) Das System besitzt unendlich viele Lösungen:
$x=3-t;\ y=-1+2t;\ z=t$ mit $t\in\mathbb{R}$.
(4) Das System besitzt keine Lösung.
Ein überbestimmtes LGS kann eine eindeutige oder keine Lösung oder unendlich viele Lösungen besitzen.
Ein unterbestimmtes LGS hat entweder unendlich viele Lösungen oder keine Lösung.

11. –

12. Das lineare Gleichungssystem hat unendlich viele Lösungen.
$L=\{(4-z|3+z|z),\ z\in\mathbb{R}\}$
Lara hat eine Lösung, nämlich für $z=1$, angegeben. Tom hat ebenfalls eine Lösung, nämlich für $z=5$, gefunden.

13. (1) Maren hat bei der zweiten Gleichung nur die rechte Seite der ersten Gleichung geändert. Dadurch widersprechen sich die ersten beiden Gleichungen.
(2) Maren hat die zweite Gleichung mit dem Faktor 2 multipliziert und dann die rechte Seite geändert. Dadurch widersprechen sich die letzten beiden Gleichungen.
(3) Maren hat die beiden ersten Gleichungen addiert, um die dritte Gleichung zu erhalten, dann aber die rechte Seite abgeändert.

14. **a)** Das lineare Gleichungssystem hat keine Lösung. Die zweite und dritte Gleichung widersprechen einander. $L=\{\ \}$

b) Multipliziert man die erste Gleichung mit dem Faktor -2, so sind erste und die dritte Gleichung identisch. Durch Umformen erhält man

$$\left|\begin{array}{r} x+\frac{1}{5}z=-\frac{23}{25} \\ y-\frac{6}{5}z=-\frac{42}{25} \\ 0=0 \end{array}\right|,\ \text{also } L=\left\{\left(-\frac{23}{25}-\frac{1}{5}z\middle|-\frac{42}{25}+\frac{6}{5}z\middle|z\right),\ z\in\mathbb{R}\right\}$$

c) Multipliziert man die erste Gleichung mit dem Faktor 2 und die zweite Gleichung mit dem Faktor -2, so sind alle drei Gleichungen identisch. Das lineare Gleichungssystem hat unendlich viele Lösungen. $L=\{(y-z|y|z);\ y,z\in\mathbb{R}\}$

d) Das lineare Gleichungssystem hat keine Lösung, da sich die erste und die dritte Gleichung widersprechen. $L=\{\ \}$

4 Stochastik

165 **Lösung der Einstiegsaufgabe**

Klasse 10 a – Auszahlung in €	absolute Häufigkeit	Auszahlung gesamt in €
0,00	46	0,00
0,50	30	15,00
1,00	14	14,00
2,00	10	20,00
gesamt	**100**	**49,00**

In den 100 beobachteten Spielen haben die Veranstalter 1,00 € Gewinn gemacht.

Klasse 10 b – Auszahlung in €	absolute Häufigkeit	Auszahlung gesamt in €
0,00	58	0,00
0,25	21	5,25
0,50	7	3,50
0,75	5	3,75
1,00	9	9,00
gesamt	**100**	**21,50**

In den 100 beobachteten Spielen haben die Veranstalter einen Gewinn von 3,50 € gemacht.
Es scheint so, als wäre es günstiger, mit dem Glücksrad der Klasse 10 a zu spielen.

Noch fit ... im Umgang mit Daten?

166 **1. a)**

Anzahl der Personen	relative Häufigkeit	absolute Häufigkeit	insgesamt besetzte Plätze
1	0,43	344	344
2	0,36	288	576
3	0,12	96	288
4	0,06	48	192
5	0,03	24	120
Summe	1	800	1520

In den 800 Pkw waren insgesamt 1520 Plätze besetzt, d. h. im Mittel $\frac{1520}{800} = 1{,}9$ Plätze pro Pkw.

b) Bei der Berechnung des Mittelwerts wurden zunächst die relativen Häufigkeiten mit der Gesamtzahl $n = 800$ der erfassten Fahrzeuge multipliziert, anschließend nach der Summenbildung wurde wieder durch diese Anzahl dividiert:

$[(0{,}43 \cdot 800) \cdot 1 + (0{,}36 \cdot 800) \cdot 2 + (0{,}12 \cdot 800) \cdot 3 + (0{,}06 \cdot 800) \cdot 4 + (0{,}03 \cdot 800) \cdot 5] : 800$

Da der Faktor 800 in allen Summanden enthalten ist, können wir ihn ausklammern und kürzen:

$$\frac{[0{,}43 \cdot 1 + 0{,}36 \cdot 2 + 0{,}12 \cdot 3 + 0{,}06 \cdot 4 + 0{,}03 \cdot 5] \cdot 800}{800}$$

$= 0{,}43 \cdot 1 + 0{,}36 \cdot 2 + 0{,}12 \cdot 3 + 0{,}06 \cdot 4 + 0{,}03 \cdot 5 = 1{,}9$

Der Mittelwert kann somit direkt aus der Anzahl der besetzten Plätze und den zugehörigen relativen Häufigkeiten berechnet werden.

166 **2.** Bei „Klasse b“ beträgt die mittlere Abweichung 3,899 und bei „Klasse a“ 5,833.
Bei „Klasse b“ kann man also von einer Leistung der ganzen Klasse und bei „Klasse a“ von stärkerem individuellen Einsatz sprechen.

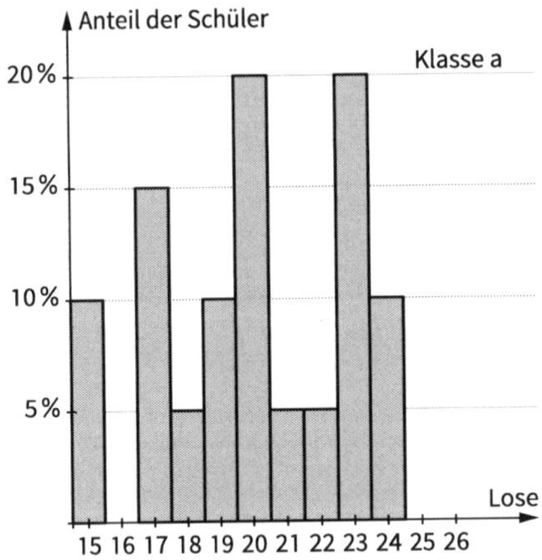

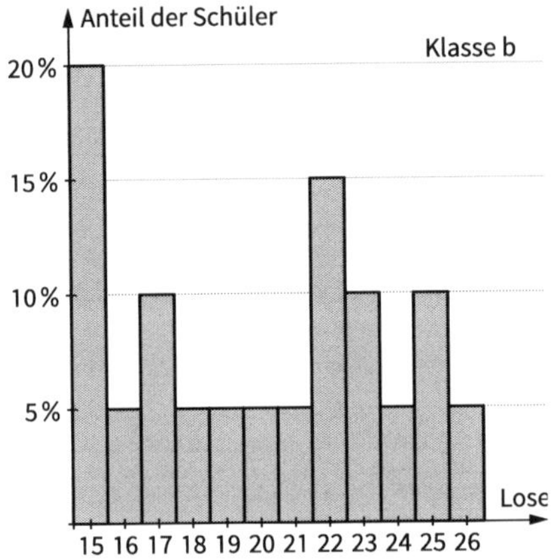

168 **3.**

Anzahl x der Haustiere	0	1	2	3	4	5	6	7	8	gesamt	Mittelwert
Anzahl H (x) der Haushalte mit x Haustieren	41	32	14	6	3	1	2	0	1	**100**	
Haustiere insgesamt	0	32	28	18	12	5	12	0	8	**115**	**1,15**

Im Mittel sind 1,15 Haustiere in den Haushalten der Stadt.

4. a) Neuzüchtung

Anzahl x der Erbsen	Anzahl H (x) der Hülsen mit x Erbsen	Erbsen insgesamt
1	4	4
2	25	50
3	36	108
4	44	176
5	47	235
6	29	174
7	21	147
8	4	32
9	2	18
gesamt	**212**	**944**
	Mittelwert	**4,45**

bisherige Sorte

Anzahl x der Erbsen	Anteil h (x) der Hülsen mit x Erbsen	gewichteter Wert
1	0,06	0,06
2	0,14	0,28
3	0,2	0,6
4	0,21	0,84
5	0,17	0,85
6	0,12	0,72
7	0,07	0,49
8	0,02	0,16
9	0,01	0,09
gesamt	**1**	**4,09**

Die Neuzüchtung war erfolgreicher: Die mittlere Anzahl der Erbsen pro Hülse stieg von 4,09 Erbsen auf 4,45.

168

4. b) Neuzüchtung

Anzahl x_i der Erbsen	Anteil $h(x_i)$ der Hülsen mit x Erbsen	Gewichteter Wert $x_i \cdot h(x_i)$	Gewichtete quadratische Abweichung $(x_i - \overline{x})^2 \cdot h(x_i)$
1	0,0189	0,0189	0,2249
2	0,1179	0,2358	0,7095
3	0,1698	0,5094	0,3584
4	0,2075	0,8302	0,0426
5	0,2217	1,1085	0,0664
6	0,1368	0,8208	0,3274
7	0,0991	0,6934	0,6427
8	0,0189	0,1509	0,2374
9	0,0094	0,0849	0,1951
	1,0000	$\mathbf{\overline{x} = 4,4528}$	$\mathbf{s^2 = 2,8044}$
			$s = 1,6746$

Bisherige Sorte

Anzahl x_i der Erbsen	Anteil $h(x_i)$ der Hülsen mit x Erbsen	Gewichteter Wert $x_i \cdot h(x_i)$	Gewichtete quadratische Abweichung $(x_i - \overline{x})^2 \cdot h(x_i)$
1	0,06	0,06	0,7153
2	0,14	0,28	0,8423
3	0,20	0,60	0,4221
4	0,21	0,84	0,0431
5	0,17	0,85	0,0509
6	0,12	0,72	0,2872
7	0,07	0,49	0,4542
8	0,02	0,16	0,2516
9	0,01	0,09	0,2068
	1,0000	$\mathbf{\overline{x} = 4,09}$	$\mathbf{s^2 = 3,2735}$
			$s = 1,8093$

Die empirische Standardabweichung s ist bei der Neuzüchtung geringer als bei der bisherigen Sorte. Das bedeutet, dass die Neuzüchtung verlässlichere Erträge liefert.

168 **5. a)** Beide Mannschaften erreichten jeweils insgesamt 594 Punkte, also im Mittel pro Spielzeit $\overline{x} = 59{,}4$ Punkte.

b) **Vergleich mittels der Spannweite:**
Bei beiden Mannschaften stimmt die kleinste Punktzahl (40 Punkte) überein. Jedoch ist die Spannweite der Punktzahlen bei Dortmund erheblich größer (41 Punkte) als bei Schalke (28 Punkte). Man kann daher sagen: FC Schalke 04 zeigte die geringeren Leistungsschwankungen.

Vergleich mittels der empirischen Standardabweichung:

Spielzeit	Borussia Dortmund		FC Schalke 04	
	Punkte	quadratische Abweichung	Punkte	quadratische Abweichung
04/05	55	$(55-59{,}4)^2 = 19{,}36$	63	$(63-59{,}4)^2 = 12{,}96$
05/06	46	$(46-59{,}4)^2 = 179{,}56$	61	$(61-59{,}4)^2 = 2{,}56$
06/07	44	$(44-59{,}4)^2 = 237{,}16$	68	$(68-59{,}4)^2 = 73{,}96$
07/08	40	$(40-59{,}4)^2 = 376{,}36$	64	$(64-59{,}4)^2 = 21{,}16$
08/09	59	$(59-59{,}4)^2 = 0{,}16$	50	$(50-59{,}4)^2 = 88{,}36$
09/10	57	$(57-59{,}4)^2 = 5{,}76$	65	$(65-59{,}4)^2 = 31{,}36$
10/11	75	$(75-59{,}4)^2 = 243{,}36$	40	$(40-59{,}4)^2 = 376{,}36$
11/12	81	$(81-59{,}4)^2 = 466{,}56$	64	$(64-59{,}4)^2 = 21{,}16$
12/13	66	$(66-59{,}4)^2 = 43{,}56$	55	$(55-59{,}4)^2 = 19{,}36$
13/14	71	$(71-59{,}4)^2 = 134{,}56$	64	$(64-59{,}4)^2 = 21{,}16$
Summe	594	$s^2 = 1\,706{,}4$	594	$s^2 = 668{,}4$
Mittelwert	**59,4**	$\mathbf{s = 41{,}3}$	**59,4**	$\mathbf{s = 25{,}9}$

Die empirische Standardabweichung der Punkte vom FC Schalke 04 ist deutlich geringer als die von Borussia Dortmund, d. h., die Saison-Leistungen von Schalke zeigten geringere Abweichungen vom Mittelwert als die von Dortmund; die Leistungen von Schalke waren „konstanter“.

6.

	Mittelwert	empirische Standardabweichung
Will Claye	8,012 m	0,071 m
Michel Tornéus	7,943 m	0,173 m
Sebastian Bayer	7,974 m	0,074 m

Der Bronzemedaille-Gewinner WILL CLAYE hatte auch den höchsten Mittelwert und die geringsten Leistungsschwankungen.

168

7. In beiden Orten ergibt sich als Summe der Absolutbeträge der Veränderungen der Wert 29, d. h. im Mittel veränderten sich die Preise um ca. 2,07 Eurocent.
Als mittlere quadratische Abweichung der Preisveränderungen ergibt sich für die Tankstelle in

A-Dorf: $\frac{(3-2{,}07)^2+(2-2{,}07)^2+\ldots+(2-2{,}07)^2}{14} \approx 0{,}923$

B-Stadt: $\frac{(4-2{,}07)^2+(2-2{,}07)^2+\ldots+(4-2{,}07)^2}{14} \approx 2{,}066$

also für die empirische Standardabweichung 0,96 bzw. 1,44.
Hinweis: Betrachtet man einen festen Ausgangspreis, z. B. 120 Eurocent pro Liter vor dem ersten Tag, dann ergibt sich am Ende des Zeitraums für beide Tankstellen ein Preis von 127 Eurocent pro Liter, aber für A-Dorf ein mittlerer Diesel-Preis von ca. 121,8 Eurocent für den 14-Tages-Zeitraum. Für B-Stadt dagegen von 127,2 Eurocent, d. h. die Preise in A-Dorf waren im Mittel erheblich niedriger als in B-Stadt. Im Vergleich zu diesen Mittelwerten beträgt die empirische Standardabweichung der Liter-Preise jedoch 2,54 Eurocent bzw. 2,34 Eurocent, d. h. im Vergleich zu den mittleren Preisen gab es in A-Dorf im Mittel etwas größere Abweichungen als in B-Stadt.

Noch fit … in Wahrscheinlichkeitsrechnung?

169

1. **a)** Ergebnismenge $S = \{1, 2, 3, 4, 5, 6\}$
   Die Wahrscheinlichkeiten sind alle gleich:
   $P(1) = P(2) = P(3) = P(4) = P(5) = P(6) = \frac{1}{6}$

   b) E_1: *Die geworfene Zahl ist eine gerade Zahl*
   $E_1 = \{2, 4, 6\}$; $P(E_1) = \frac{3}{6} = \frac{1}{2}$

   c) E_2: *Die geworfene Zahl ist größer als Vier*
   $E_2 = \{5, 6\}$; $P(E_2) = \frac{2}{6} = \frac{1}{3}$

   d) E_3: *Die geworfene Zahl ist eine Primzahl*
   $E_3 = \{2, 3, 5\}$; $P(E_3) = \frac{3}{6} = \frac{1}{2}$

   e) E_4: *Die geworfene Zahl ist negativ* ist ein unmögliches Ereignis.
   $P(E_4) = 0$
   E_5: *Die geworfene Zahl ist kleiner als Sieben* ist ein sicheres Ereignis.
   $P(E_5) = 1$

2. **a)** Wenn es zwei verschiedene mögliche Ergebnisse gibt, heißt das nicht, dass diese mit gleicher Wahrscheinlichkeit auftreten. Die Wahrscheinlichkeit für Lage *Kopf zur Seite* hängt von der Lage des Schwerpunkts ab.

   b) Man kann das *empirische Gesetz der großen Zahlen* nutzen und eine Reißzwecke 1000-mal werfen. Die beobachteten relativen Häufigkeiten der beiden Ergebnisse liegen dann in der Nähe der tatsächlichen Wahrscheinlichkeiten.

   c) Wenn die Plastikkappe entfernt wird, verlagert sich der Schwerpunkt in Richtung der Nadelspitze und die Wahrscheinlichkeit für Lage *Seite* nimmt zu.

   d) $309 : 500 = 0{,}618 = 61{,}8\,\%$; $P(\text{Seite}) \approx 61{,}8\,\%$; $P(\text{Kopf}) \approx 38{,}2\,\%$

169 **3. a)**

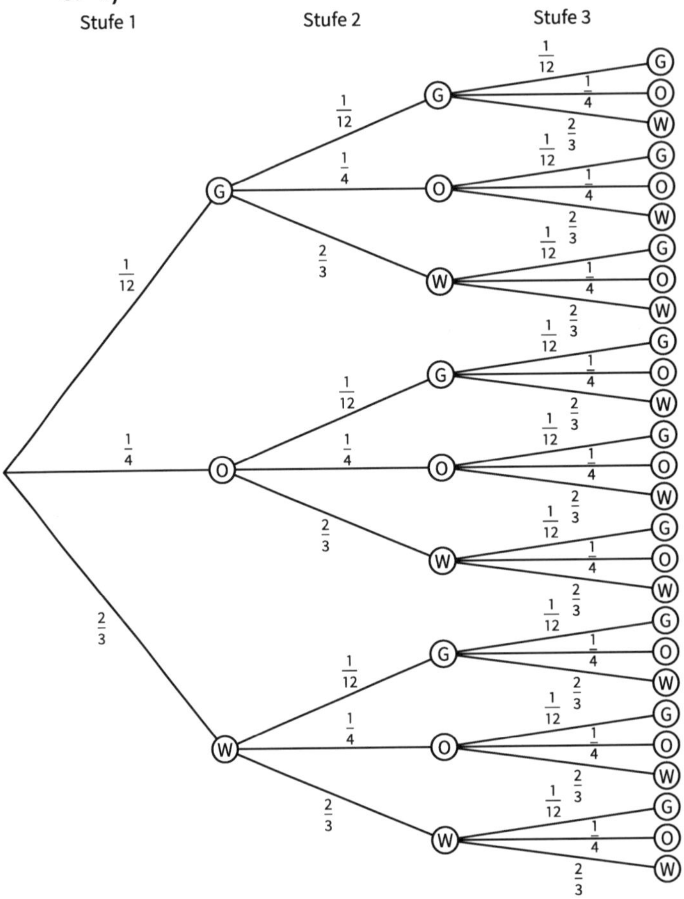

Ergebnis	Wahrscheinlichkeit
GGG	$\frac{1}{1728}$
GGO	$\frac{1}{576}$
GGW	$\frac{2}{432}$
GOG	$\frac{1}{576}$
GOO	$\frac{1}{192}$
GOW	$\frac{2}{144}$
GWG	$\frac{2}{432}$
GWO	$\frac{2}{144}$
GWW	$\frac{4}{108}$
OGG	$\frac{1}{576}$
OGO	$\frac{1}{192}$
OGW	$\frac{1}{144}$
OOG	$\frac{1}{192}$
OOO	$\frac{1}{64}$
OOW	$\frac{2}{48}$
OWG	$\frac{2}{144}$
OWO	$\frac{2}{48}$
OWW	$\frac{4}{36}$
WGG	$\frac{2}{432}$
WGO	$\frac{2}{144}$
WGW	$\frac{4}{108}$
WOG	$\frac{2}{144}$
WOO	$\frac{2}{48}$
WOW	$\frac{4}{36}$
WWG	$\frac{4}{108}$
WWO	$\frac{4}{36}$
WWW	$\frac{8}{27}$

b) $P(\text{www}) = \left(\frac{2}{3}\right)^3 = \frac{8}{27} \approx 29{,}6\,\%$

c) $P(\text{mind. ein Hauptpreis}) = 1 - P(\text{kein Hauptpreis}) = 1 - \left(\frac{11}{12}\right)^3 \approx 23{,}0\,\%$

d) $P(\text{1. Runde Niete, 2. Runde ein Preis}) = \frac{2}{3} \cdot \frac{1}{3} = \frac{2}{9} \approx 22{,}2\,\%$

4. a) $P(\text{gg, oo}) = \frac{3}{10} \cdot \frac{2}{9} + \frac{7}{10} \cdot \frac{6}{9} = \frac{48}{90} \approx 53{,}3\,\%$

b) $P(\text{go, og}) = \frac{3}{10} \cdot \frac{7}{9} + \frac{7}{10} \cdot \frac{3}{9} = \frac{42}{90} \approx 46{,}7\,\% = 1 - P(\text{gg, oo})$

c) $P(\text{mind. eine grüne Kugel})$
$= 1 - P(\text{keine grüne Kugel}) = 1 - P(\text{oo}) = 1 - \frac{7}{10} \cdot \frac{6}{9} = \frac{48}{90} \approx 53{,}3\,\%$

172

5. Es ist kein Grund ersichtlich, warum irgendeines der Ergebnisse eine größere Chance haben könnte aufzutreten (symmetrische Zufallsgeräte in (1) – (3), keine Bevorzugung in (4)). Daher kann man die Zufallsversuche als LAPLACE-Versuche ansehen. Um die Wahrscheinlichkeit für die einzelnen Ergebnisse und für Ereignisse zu berechnen, müssen nur die möglichen Ergebnisse gezählt werden.

(1) Ergebnismenge $S=\{1, 2, 3, 4, 5, 6\}$; Wahrscheinlichkeit für jedes Ergebnis: $\frac{1}{6}$

(2) $S=\{1, 2, 3, 4\}$; Wahrscheinlichkeit für jedes Ergebnis: $\frac{1}{4}$

(3) Ergebnismenge $S=\{0, 1, 2, 3, 4, 5, 6, 7, 8, 9\}$; Wahrscheinlichkeit für jedes Ergebnis: $\frac{1}{10}$

(4) Ergebnismenge S = {Pik-Sieben, Pik-Acht, Pik-Neun, Pik-Zehn, Pik-Bube, Pik-Dame, Pik-König, Pik-Ass, Karo-Sieben, Karo-Acht, Karo-Neun, Karo-Zehn, Karo-Bube, Karo-Dame, Karo-König, Karo-Ass, Kreuz-Sieben, Kreuz-Acht, Kreuz-Neun, Kreuz-Zehn, Kreuz-Bube, Kreuz-Dame, Kreuz-König, Kreuz-Ass, Herz-Sieben, Herz-Acht, Herz-Neun, Herz-Zehn, Herz-Bube, Herz-Dame, Herz-König, Herz-Ass};
Wahrscheinlichkeit für jedes Ergebnis: $\frac{1}{32}$

6. E_1: *Die Augenzahl ist keine Primzahl*
E_2: *Die Augenzahl ist durch 2 oder durch 3 teilbar*
E_3: *Die Augenzahl ist durch 4 oder durch 6 teilbar*
E_4: *Die Augenzahl ist weder durch 4 noch durch 5 teilbar*

	Tetraeder	Hexaeder	Oktaeder	Dodekaeder	Ikosaeder
E_1	$\frac{2}{4}=\frac{1}{2}$	$\frac{3}{6}=\frac{1}{2}$	$\frac{4}{8}=\frac{1}{2}$	$\frac{7}{12}$	$\frac{12}{20}=\frac{3}{5}$
E_2	$\frac{2}{4}+\frac{1}{4}-\frac{0}{4}=\frac{3}{4}$	$\frac{3}{6}+\frac{2}{6}-\frac{1}{6}=\frac{4}{6}=\frac{2}{3}$	$\frac{4}{8}+\frac{2}{8}-\frac{1}{8}=\frac{5}{8}$	$\frac{6}{12}+\frac{4}{12}-\frac{2}{12}=\frac{8}{12}=\frac{2}{3}$	$\frac{10}{20}+\frac{6}{20}-\frac{3}{20}=\frac{13}{20}$
E_3	$\frac{1}{4}+\frac{0}{4}-\frac{0}{4}=\frac{1}{4}$	$\frac{1}{6}+\frac{1}{6}-\frac{0}{6}=\frac{2}{6}=\frac{1}{3}$	$\frac{2}{8}+\frac{1}{8}-\frac{0}{8}=\frac{3}{8}$	$\frac{3}{12}+\frac{2}{12}-\frac{1}{12}=\frac{4}{12}=\frac{1}{3}$	$\frac{5}{20}+\frac{3}{20}-\frac{1}{20}=\frac{7}{20}$
E_4	$1-\left(\frac{1}{4}+\frac{0}{4}-\frac{0}{4}\right)=\frac{3}{4}$	$1-\left(\frac{1}{6}+\frac{1}{6}-\frac{0}{6}\right)=\frac{4}{6}=\frac{2}{3}$	$1-\left(\frac{2}{8}+\frac{1}{8}-\frac{0}{8}\right)=\frac{5}{8}$	$1-\left(\frac{3}{12}+\frac{2}{12}-\frac{0}{12}\right)=\frac{7}{12}$	$1-\left(\frac{5}{20}+\frac{4}{20}-\frac{1}{20}\right)=\frac{12}{20}=\frac{3}{5}$

173

7. (1) $P(\text{Karte ist eine Pik-Karte})=\frac{8}{32}=\frac{1}{4}$

(2) $P(\text{Karte trägt eine Zahl})=\frac{16}{32}=\frac{1}{2}$

(3) $P(\text{Karte ist eine rote Karte})=\frac{16}{32}=\frac{1}{2}$

(4) $P(\text{Karte ist ein schwarzes Ass})=\frac{2}{32}=\frac{1}{16}$

8. (1) 25 % von 50: ca. 12 bis 13 Spiele.

(2) 25 % von 30: ca. 7 bis 8 Spiele.

(3) 25 % von 100: ca. 25 Spiele.

Die zu erwartende relative Häufigkeit beträgt in allen Fällen ca. 25 %.

173

9. (1) Diese Aussage ist falsch. Als Mittelwertaussage mit dem Zusatz „im Mittel…" wäre sie jedoch richtig.
(2) falsch: Es gibt auch Wurfserien von 6 Würfen ohne 3.
(3) falsch: Der Würfel hat kein Gedächtnis.
(4) wahr
(5) falsch: siehe (2)
(6) wahr: So könnte man setzen, da die Wahrscheinlichkeit, dass beim nächsten Wurf keine 3 fällt, (wie bei jedem anderen Wurf) $\frac{5}{6}$ beträgt.

10. a) (1) $\left(\frac{1}{2}\right)^3 = \frac{1}{8} = 12{,}5\,\%$
(2) $P(14, 23, 32, 41) = \frac{4}{36} = \frac{1}{9} \approx 11{,}1\,\%$
(3) $P(566, 656, 665) = 3 \cdot \frac{1}{216} = \frac{1}{72} \approx 1{,}4\,\%$
(4) $1 - \left(\frac{5}{6}\right)^3 = \frac{91}{216} \approx 42{,}1\,\%$
(5) $\left(\frac{5}{6}\right)^3 = \frac{125}{216} \approx 57{,}9\,\%$
(6) $P(\text{gug, ugu}) = 2 \cdot \left(\frac{1}{2}\right)^3 = \frac{1}{4} = 25\,\%$
(7) $\frac{6 \cdot 5 \cdot 4}{6^3} = \frac{5}{9} \approx 55{,}6\,\%$
(8) $\frac{(4+3+2+1)+(3+2+1)+(2+1)+1}{216} = \frac{20}{216} \approx 9{,}3\,\%$

b) $P(\text{Augensumme } 10) = P(\text{Augensumme } 11) = \frac{27}{216} = \frac{1}{8} = 12{,}5\,\%$

173

11 a)

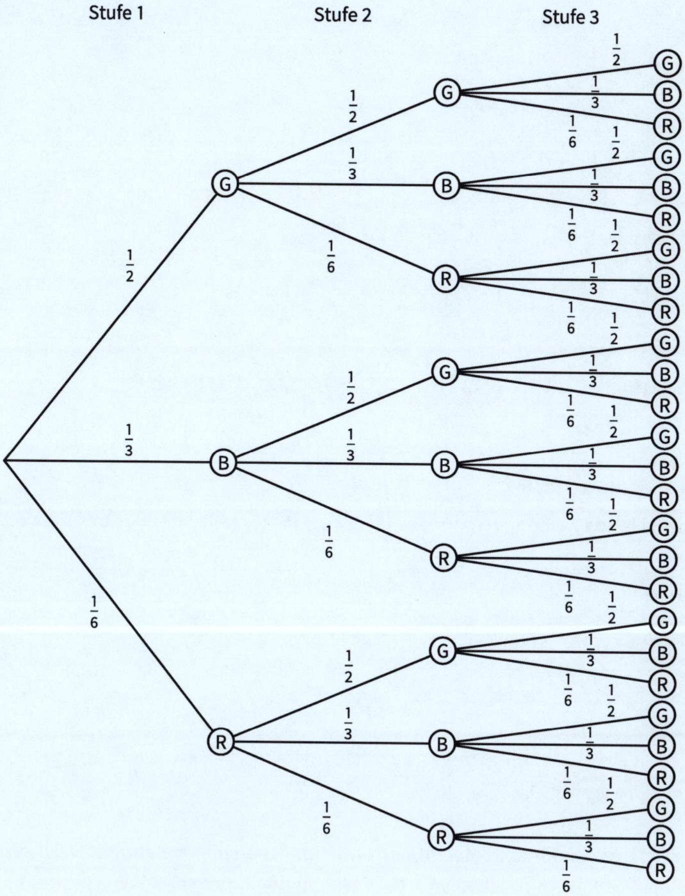

Ergebnis	Wahrscheinlichkeit
GGG	$\frac{1}{8}$
GGB	$\frac{1}{12}$
GGR	$\frac{1}{24}$
GBG	$\frac{1}{12}$
GBB	$\frac{1}{18}$
GBR	$\frac{1}{36}$
GRG	$\frac{1}{24}$
GRB	$\frac{1}{36}$
GRR	$\frac{1}{72}$
BGG	$\frac{1}{12}$
BGB	$\frac{1}{18}$
BGR	$\frac{1}{36}$
BBG	$\frac{1}{18}$
BBB	$\frac{1}{27}$
BBR	$\frac{1}{54}$
BRG	$\frac{1}{36}$
BRB	$\frac{1}{54}$
BRR	$\frac{1}{108}$
RGG	$\frac{1}{24}$
RGB	$\frac{1}{36}$
RGR	$\frac{1}{72}$
RBG	$\frac{1}{36}$
RBB	$\frac{1}{54}$
RBR	$\frac{1}{108}$
RRG	$\frac{1}{72}$
RRB	$\frac{1}{108}$
RRR	$\frac{1}{216}$

b) (1) $\frac{6}{12} \cdot \frac{6}{12} \cdot \frac{6}{12} = \frac{1}{8}$

(2) $\frac{2}{12} \cdot \frac{2}{12} \cdot \frac{2}{12} = \frac{1}{216}$

(3) $P(\text{bbg, bgb, gbb}) = 3 \cdot \frac{4}{12} \cdot \frac{4}{12} \cdot \frac{6}{12} = \frac{1}{6}$

(4) $\frac{2}{12} = \frac{1}{6}$

(5) $6 \cdot \frac{2}{12} \cdot \frac{4}{12} \cdot \frac{6}{12} = \frac{1}{6}$

(6) $P(\text{mind. eine blau}) = 1 - P(\text{keine Kugel blau}) = 1 - \frac{8}{12} \cdot \frac{8}{12} \cdot \frac{8}{12} = 1 - \frac{8}{27} = \frac{19}{27} \approx 70{,}4\,\%$

(7) $P(\text{keine rot}) + P(\text{genau eine rot}) = \frac{10}{12} \cdot \frac{10}{12} \cdot \frac{10}{12} + 3 \cdot \frac{2}{12} \cdot \frac{10}{12} \cdot \frac{10}{12} = \frac{200}{216} = \frac{25}{27} \approx 92{,}6\,\%$

173 **11. c)** Durch das Ziehen ohne Zurücklegen verändern sich Zähler und Nenner.

(1) $\frac{6}{12} \cdot \frac{5}{11} \cdot \frac{4}{10} = \frac{1}{11} \approx 9{,}1\,\%$

(2) nicht möglich: P (rrr) = 0

(3) $3 \cdot \frac{4}{12} \cdot \frac{3}{11} \cdot \frac{6}{10} = \frac{9}{55} \approx 16{,}4\,\%$

(4) $P(rr, br, gr) = \frac{2}{12} \cdot \frac{1}{11} + \frac{4}{12} \cdot \frac{2}{11} + \frac{6}{12} \cdot \frac{2}{11} = \frac{1}{6}$

(5) $6 \cdot \frac{2}{12} \cdot \frac{4}{11} \cdot \frac{6}{10} = \frac{12}{55} \approx 21{,}8\,\%$

(6) $1 - \frac{8}{12} \cdot \frac{7}{11} \cdot \frac{6}{10} = 1 - \frac{14}{55} = \frac{41}{55} \approx 74{,}5\,\%$

(7) $\frac{10}{12} \cdot \frac{9}{11} \cdot \frac{8}{10} + 3 \cdot \frac{2}{12} \cdot \frac{10}{11} \cdot \frac{9}{10} = \frac{21}{22} \approx 95{,}5\,\%$

4.1 Wahrscheinlichkeitsverteilung einer Zufallsgröße – Erwartungswert

174 **Einstiegsaufgabe ohne Lösung**

Auszahlungsbetrag (in €)	erwartete relative Häufigkeit	gewichteter Auszahlungsbetrag (in €)
0	0,25	0,00
0,50	0,40	0,20
1,00	0,23	0,23
2,00	0,10	0,20
5,00	0,02	0,10
Summe	1	0,73

Auf lange Sicht ist ein Auszahlungsbetrag von 0,73 € pro Spiel zu erwarten, d. h. pro Spiel beträgt der mittlere Verlust 0,27 €.

177 **1. a)** Da es sich um konkrete Realisationen von Zufallsversuchen handelt, weichen die relativen Häufigkeiten teilweise erheblich von den berechneten Wahrscheinlichkeiten ab. Man hat den Eindruck, dass die ermittelte Dreiecksform des Histogramms der Wahrscheinlichkeitsverteilung erst bei großer Versuchszahl zu erkennen ist.

b) –

177 **2. a)** Kombinationstabelle

	1	2	3	4	5	6
1	2	3	4	5	6	7
2	3	4	5	6	7	8
3	4	5	6	7	8	9
4	5	6	7	8	9	10
5	6	7	8	9	10	11
6	7	8	9	10	11	12

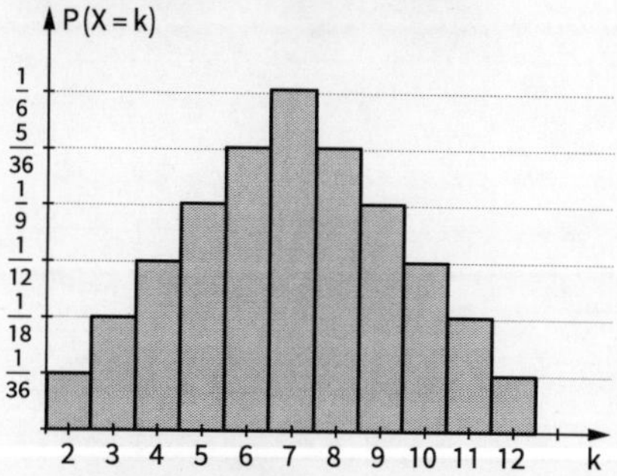

Wahrscheinlichkeitsverteilung

Augensumme	Wahrscheinlichkeit
2	$\frac{1}{36} \approx 2{,}8\,\%$
3	$\frac{2}{36} \approx 5{,}6\,\%$
4	$\frac{3}{36} \approx 8{,}3\,\%$
5	$\frac{4}{36} \approx 11{,}1\,\%$
6	$\frac{5}{36} \approx 13{,}9\,\%$
7	$\frac{6}{36} \approx 16{,}7\,\%$
8	$\frac{5}{36} \approx 13{,}9\,\%$
9	$\frac{4}{36} \approx 11{,}1\,\%$
10	$\frac{3}{36} \approx 8{,}3\,\%$
11	$\frac{2}{36} \approx 5{,}6\,\%$
12	$\frac{1}{36} \approx 2{,}8\,\%$

b) Kombinationstabelle

	1	2	3	4
1	1	2	3	4
2	2	4	6	8
3	3	6	9	12
4	4	8	12	16

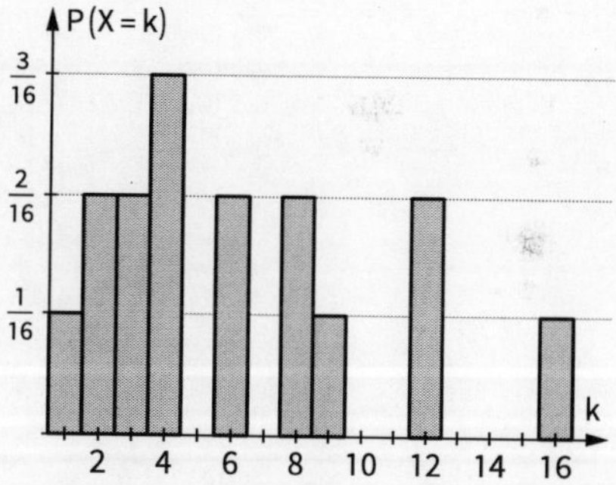

Wahrscheinlichkeitsverteilung

Augenprodukt	1	2	3	4	6	8	9	12	16
Wahrscheinlichkeit	$\frac{1}{16}$	$\frac{2}{16}$	$\frac{2}{16}$	$\frac{3}{16}$	$\frac{2}{16}$	$\frac{2}{16}$	$\frac{1}{16}$	$\frac{2}{16}$	$\frac{1}{16}$

177

2. c) Wahrscheinlichkeitsverteilung

Augensumme	3	4	5	6	7	8	9	10	11	12
Wahrscheinlichkeit	$\frac{1}{64}$	$\frac{3}{64}$	$\frac{6}{64}$	$\frac{10}{64}$	$\frac{12}{64}$	$\frac{12}{64}$	$\frac{10}{64}$	$\frac{6}{64}$	$\frac{3}{64}$	$\frac{1}{64}$

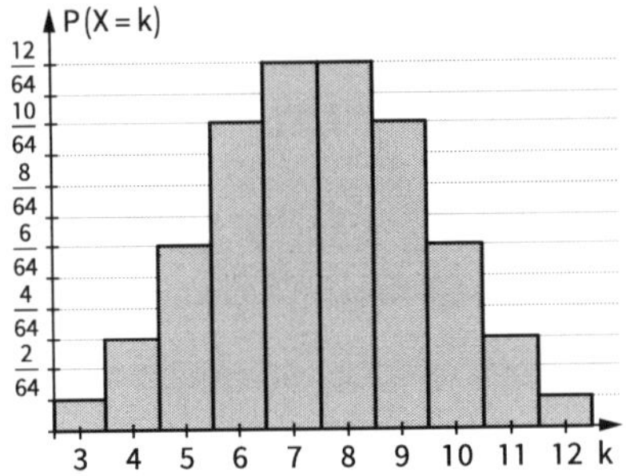

d) Wahrscheinlichkeitsverteilung

Augensumme	3	4	5	6	7	8	9	10
Wahrscheinlichkeit	$\frac{1}{216}$	$\frac{3}{216}$	$\frac{6}{216}$	$\frac{10}{216}$	$\frac{15}{216}$	$\frac{21}{216}$	$\frac{25}{216}$	$\frac{27}{216}$

Augensumme	11	12	13	14	15	16	17	18
Wahrscheinlichkeit	$\frac{27}{216}$	$\frac{25}{216}$	$\frac{21}{216}$	$\frac{15}{216}$	$\frac{10}{216}$	$\frac{6}{216}$	$\frac{3}{216}$	$\frac{1}{216}$

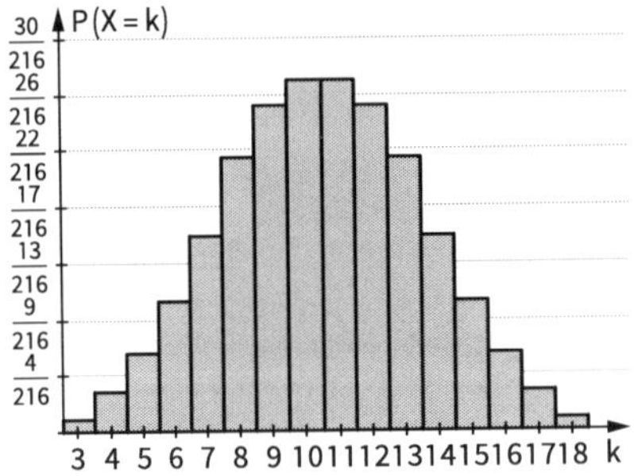

e) Kombinationstabelle

	1	2	3	4	5	6
1	1	2	3	4	5	6
2	2	4	6	8	10	12
3	3	6	9	12	15	18
4	4	8	12	16	20	24
5	5	10	15	20	25	30
6	6	12	18	24	30	36

Hier wurden für eine bessere Übersicht Balken zu Werten mit Wahrscheinlichkeit $P(X = k) = 0$ weggelassen.

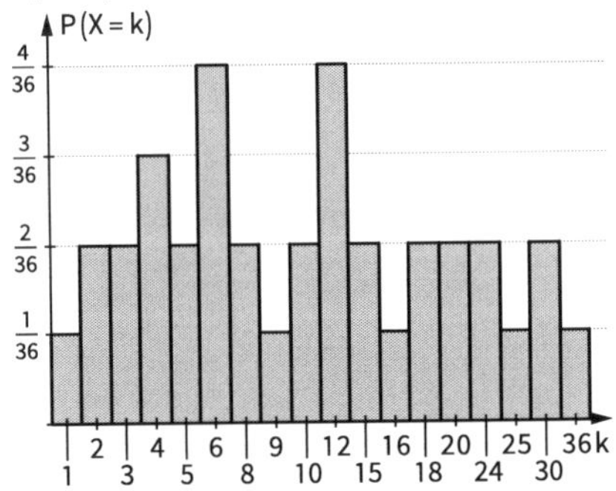

177 **2. e)** Wahrscheinlichkeitsverteilung

Augenprodukt	1	2	3	4	5	6	8	9	10
Wahrscheinlichkeit	$\frac{1}{36}$	$\frac{2}{36}$	$\frac{2}{36}$	$\frac{3}{36}$	$\frac{2}{36}$	$\frac{4}{36}$	$\frac{2}{36}$	$\frac{1}{36}$	$\frac{2}{36}$

Augenprodukt	12	15	16	18	20	24	25	30	36
Wahrscheinlichkeit	$\frac{4}{36}$	$\frac{2}{36}$	$\frac{1}{36}$	$\frac{2}{36}$	$\frac{2}{36}$	$\frac{2}{36}$	$\frac{1}{36}$	$\frac{2}{36}$	$\frac{1}{36}$

3. Aufstellen einer Kombinationstabelle

	1	3	3	5	5	7
1	2	4	4	6	6	8
2	3	5	5	7	7	9
2	3	5	5	7	7	9
3	4	6	6	8	8	10

Hier ergibt sich durch Abzählen der Häufigkeit der möglichen Augensummen die gleiche Wahrscheinlichkeitsverteilung wie bei Tetraeder und Hexaeder mit üblicher Beschriftung:

Augensumme	2	3	4	5	6	7	8	9	10
Wahrscheinlichkeit	$\frac{1}{24}$	$\frac{2}{24}$	$\frac{3}{24}$	$\frac{4}{24}$	$\frac{5}{24}$	$\frac{4}{24}$	$\frac{3}{24}$	$\frac{2}{24}$	$\frac{1}{24}$

4. Die Wahrscheinlichkeiten können der Verteilung aus Aufgabe 2 a) entnommen werden:

a) $P(X \le 5) = \frac{1}{36} + \frac{2}{36} + \frac{3}{36} + \frac{4}{36} = \frac{10}{36} \approx 27{,}8\,\%$

b) (1) $P(X > 5)$

$= P(X=6) + P(X=7) + P(X=8) + P(X=9) + P(X=10) + P(X=11) + P(X=12)$

$= 1 - P(X \le 5) = \frac{26}{36} \approx 72{,}2\,\%$

(2) $P(4 \le X \le 7)$

$= P(X=4) + P(X=5) + P(X=6) + P(X=7)$

$= \frac{3}{36} + \frac{4}{36} + \frac{5}{36} + \frac{6}{36} = \frac{1}{2}$

(3) $P(X < 6)$

$= P(X \le 5) = 1 - P(x > 5) = \frac{10}{36} \approx 27{,}8\,\%$

178 **5. Fehler in der 1. Auflage des Schülerbandes:** Bei (6) muss es „oder“ statt „und“ heißen.

(1) $P(X \le 9) = \frac{30}{36}$

(2) $P(X < 10) = \frac{30}{36}$

(3) $P(X \ge 5) = \frac{30}{36}$

(4) $P(6 \le X \le 10) = \frac{23}{36}$

(5) $P(X > 9 \text{ oder } X < 5) = \frac{12}{36}$

(6) $P(X < 10 \text{ oder } X > 11) = \frac{31}{36}$

178

6. a) Die Wurfkombinationen {1; 4; 6}; {2; 3; 6}; {2; 4; 6} treten jeweils 6-mal, die Kombinationen {1; 5; 5}; {3; 3; 5}; {3; 4; 4} treten jeweils 3-mal auf. Damit führen 27 Ergebnisse der möglichen 216 auf die Augensumme 11.
Die Wurfkombinationen {1; 5; 6}; {2; 4; 6}; {3; 4; 5} treten jeweils 6-mal, die Kombinationen {3; 3; 6} und {2; 5; 5} treten jeweils 3-mal auf und die Kombination {4; 4; 4} nur einmal auf. Damit führen 25 Ergebnisse der möglichen 216 auf die Augensumme 12.

b)

k	P(X = k)	k	P(X = k)	k	P(X = k)	k	P(X = k)
3	$\frac{1}{216}$	7	$\frac{15}{216}$	11	$\frac{27}{216}$	15	$\frac{10}{216}$
4	$\frac{3}{216}$	8	$\frac{21}{216}$	12	$\frac{25}{216}$	16	$\frac{6}{216}$
5	$\frac{6}{216}$	9	$\frac{25}{216}$	13	$\frac{21}{216}$	17	$\frac{3}{216}$
6	$\frac{10}{216}$	10	$\frac{27}{216}$	14	$\frac{15}{216}$	18	$\frac{1}{216}$

7. Die Zufallsgröße X gebe die Summe der Bahnnummern an.

a) Man kann die Wahrscheinlichkeiten auf die folgende Weise ermitteln:
Ein Vertreter der ersten Mannschaft zieht drei Lose ohne Zurücklegen.
Da für die Summe die Reihenfolge nicht beachtet wird, gibt es $\binom{6}{3} = 20$ verschiedene Loskombinationen. Da alle Kombinationen gleich wahrscheinlich sind, tritt jede Kombination mit der Wahrscheinlichkeit $\frac{1}{20}$ auf.
Diese Anzahl von Kombinationen kann auch ohne Kombinatorikkenntnisse durch Aufschreiben aller Möglichkeiten ermittelt werden.

X	Loskombination	Wahrscheinlichkeit
9	(2, 3, 4)	$\frac{1}{20}$
10	(2, 3, 5)	$\frac{1}{20}$
11	(2, 3, 6), (2, 3, 5)	$\frac{2}{20}$
12	(2, 3, 7), (2, 4, 6), (3, 4, 5)	$\frac{3}{20}$
13	(2, 4, 7), (2, 5, 6), (3, 4, 6)	$\frac{3}{20}$
14	(2, 5, 7), (3, 4, 7), (3, 5, 6)	$\frac{3}{20}$
15	(2, 6, 7), (3, 5, 7), (4, 5, 6)	$\frac{3}{20}$
16	(3, 6, 7), (4, 5, 7)	$\frac{2}{20}$
17	(4, 6, 7)	$\frac{1}{20}$
18	(5, 6, 7)	$\frac{1}{20}$

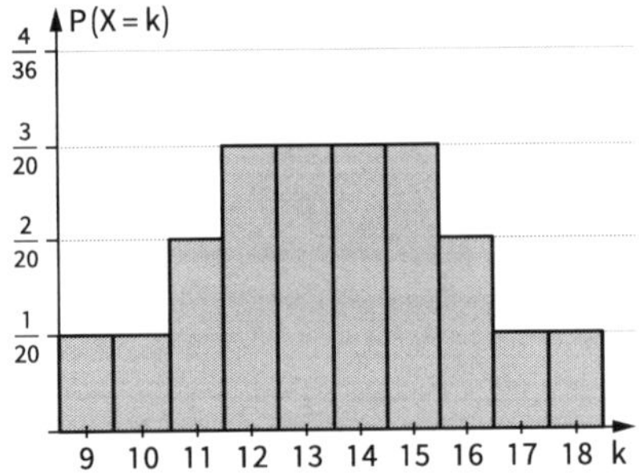

b) (1) $P(X < 12) = \frac{1}{20} + \frac{1}{20} + \frac{2}{20} = \frac{1}{5}$

(2) $P(X > 7) = 1$

(3) $P(X \geq 14) = \frac{3}{20} + \frac{3}{20} + \frac{2}{20} + \frac{1}{20} + \frac{1}{20} = \frac{1}{2}$

178

8. a)

k	2 Hexaeder P(X = k)	Tetraeder und Oktaeder P(X = k)
2	$\frac{1}{36} = \frac{8}{288}$	$\frac{1}{32} = \frac{9}{288}$
3	$\frac{2}{36} = \frac{16}{288}$	$\frac{2}{32} = \frac{18}{288}$
4	$\frac{3}{36} = \frac{24}{288}$	$\frac{3}{32} = \frac{27}{288}$
5	$\frac{4}{36} = \frac{32}{288}$	$\frac{4}{32} = \frac{36}{288}$
6	$\frac{5}{36} = \frac{40}{288}$	$\frac{4}{32} = \frac{36}{288}$
7	$\frac{6}{36} = \frac{48}{288}$	$\frac{4}{32} = \frac{36}{288}$
8	$\frac{5}{36} = \frac{40}{288}$	$\frac{4}{32} = \frac{36}{288}$
9	$\frac{4}{36} = \frac{32}{288}$	$\frac{4}{32} = \frac{36}{288}$
10	$\frac{3}{36} = \frac{24}{288}$	$\frac{3}{32} = \frac{27}{288}$
11	$\frac{2}{36} = \frac{16}{288}$	$\frac{2}{32} = \frac{18}{288}$
12	$\frac{1}{36} = \frac{8}{288}$	$\frac{1}{32} = \frac{9}{288}$

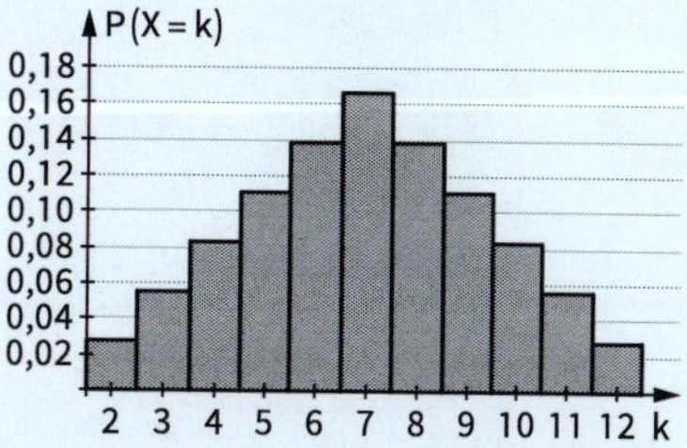

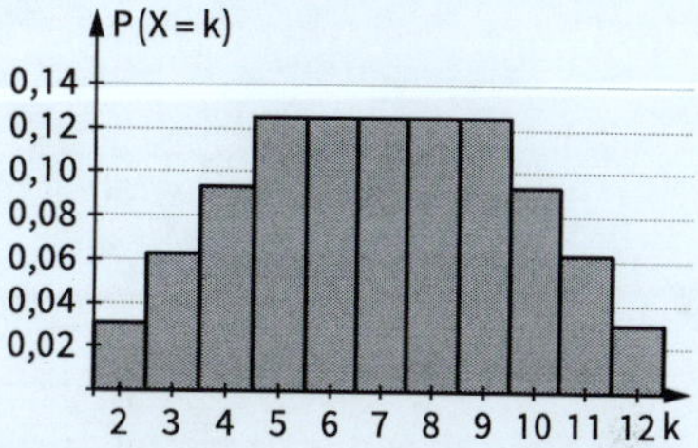

Die Wahrscheinlichkeitverteilungen stimmen nicht überein. Das Histogramm für die Augensumme zweier Hexaeder hat die typische Dreiecksgestalt, für die Augensumme von Tetraeder und Oktaeder eine Trapezform.

b)

	2 Hexaeder	Tetraeder und Oktaeder
(1) P(X = 4)	$\frac{24}{288}$	$\frac{27}{288}$
(2) P(X = 7)	$\frac{48}{288}$	$\frac{36}{288}$
(3) P(X < 7)	$\frac{120}{288}$	$\frac{126}{288}$
(4) P(X gerade)	$\frac{1}{2}$	$\frac{1}{2}$

178 **8. c)**

k	2	3	4	5	6	7	8	9
P(X = k)	$\frac{1}{64}$	$\frac{2}{64}$	$\frac{3}{64}$	$\frac{4}{64}$	$\frac{5}{64}$	$\frac{6}{64}$	$\frac{7}{64}$	$\frac{8}{64}$

k	10	11	12	13	14	15	16
P(X = k)	$\frac{7}{64}$	$\frac{6}{64}$	$\frac{5}{64}$	$\frac{4}{64}$	$\frac{3}{64}$	$\frac{2}{64}$	$\frac{1}{64}$

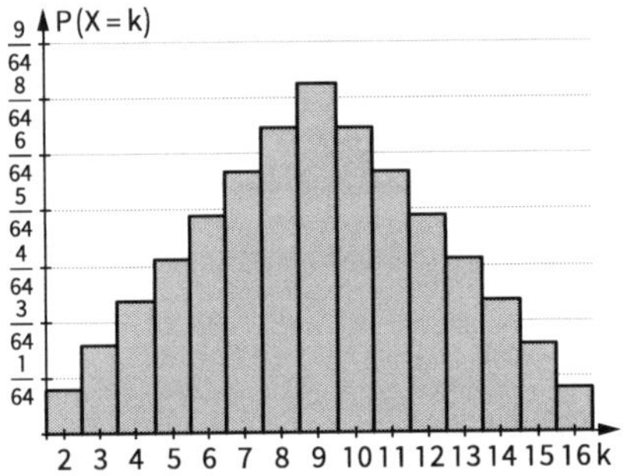

d)

	1	2	3	4	5	6	7	8	9	10	11	12
1	2	3	4	5	6	7	8	9	10	11	12	13
2	3	4	5	6	7	8	9	10	11	12	13	14
3	4	5	6	7	8	9	10	11	12	13	14	15
4	5	6	7	8	9	10	11	12	13	14	15	16

← Augenzahl Dodekaeder

← Augensumme

↑ Augenzahl Tetraeder

k	2	3	4	5	6	7	8	9
P(X = k)	$\frac{1}{48}$	$\frac{2}{48}$	$\frac{3}{48}$	$\frac{4}{48}$	$\frac{4}{48}$	$\frac{4}{48}$	$\frac{4}{48}$	$\frac{4}{48}$

k	10	11	12	13	14	15	16
P(X = k)	$\frac{4}{48}$	$\frac{4}{48}$	$\frac{4}{48}$	$\frac{4}{48}$	$\frac{3}{48}$	$\frac{2}{48}$	$\frac{1}{48}$

e) Tetraeder + Ikosaeder
2 Dodekaeder } Augensummen 2, …, 24

9. a) Jedes der 16 Ergebnisse ist gleich wahrscheinlich. Damit tritt jede Symbolkombination mit der Wahrscheinlichkeit $\frac{1}{16}$ ein.

Erwartungswert:

$$2 \cdot \frac{1}{16} \cdot 0{,}00 + 4 \cdot \frac{1}{16} \cdot 0{,}10 + 4 \cdot \frac{1}{16} \cdot 0{,}20 + 3 \cdot \frac{1}{16} \cdot 0{,}30 + 2 \cdot \frac{1}{16} \cdot 0{,}40 + \frac{1}{16} \cdot 0{,}50 = 0{,}2125$$

b) Das Spiel ist fair, wenn der Einsatz 0,2125 € beträgt. Ein Einsatz für ein Spiel von 0,25 € erscheint angemessen; dann ist der durchschnittliche Verlust pro Spiel 0,0375 €.

179 **10. a)**

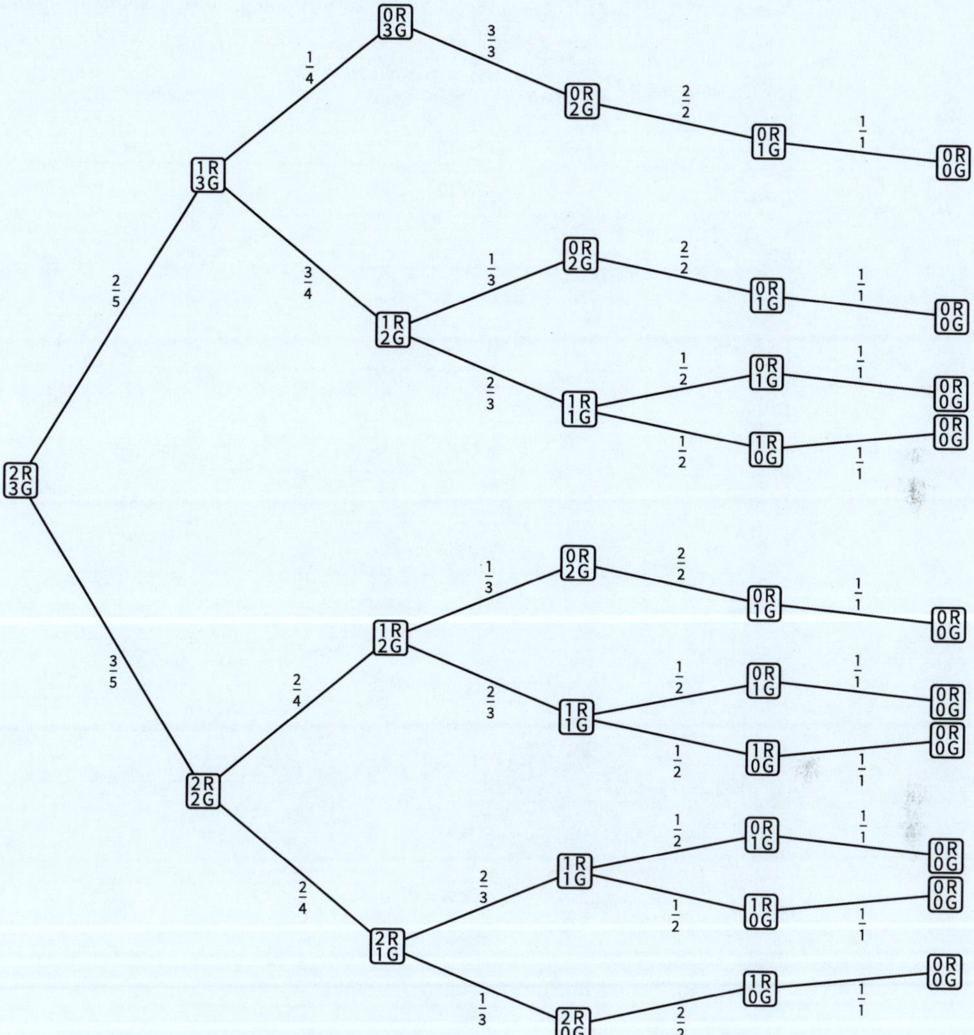

b) (1)

k	P(X = k)	k · P(X = k)
2	0,1	0,2
3	0,2	0,6
4	0,3	1,2
5	0,4	2,0
Summe	1	4,0

(2)

k	P(X = k)	k · P(X = k)
2	0,6	1,2
3	0,3	0,9
4	0,1	0,4
Summe	1	2,5

(3)

k	P(X = k)	k · P(X = k)
3	0,1	0,3
4	0,3	1,2
5	0,6	3,0
Summe	1	4,5

179 **11. Fehler in der 1. Auflage des Schülerbandes:** Der Aufgabenteil „Zeichnen Sie das Baumdiagramm" muss gestrichen werden. Es wäre zu aufwendig, dieses Baumdiagramm zu erstellen.

Augensumme	Wahrscheinlichkeit Ziehen mit Zurücklegen	Wahrscheinlichkeit Ziehen ohne Zurücklegen
2	$\frac{1}{25}=0{,}04$	$\frac{3}{15}\cdot\frac{2}{14}=0{,}0286$
3	$\frac{2}{25}=0{,}08$	$2\cdot\frac{3}{15}\cdot\frac{3}{14}=0{,}0857$
4	$\frac{3}{25}=0{,}12$	$2\cdot\frac{3}{15}\cdot\frac{3}{14}+\frac{3}{15}\cdot\frac{2}{14}=0{,}1143$
5	$\frac{4}{25}=0{,}16$	$4\cdot\frac{3}{15}\cdot\frac{3}{14}=0{,}1714$
6	$\frac{5}{25}=0{,}2$	$4\cdot\frac{3}{15}\cdot\frac{3}{14}+\frac{3}{15}\cdot\frac{2}{14}=0{,}2000$
7	$\frac{4}{25}=0{,}16$	$4\cdot\frac{3}{15}\cdot\frac{3}{14}=0{,}1714$
8	$\frac{3}{25}=0{,}12$	$2\cdot\frac{3}{15}\cdot\frac{3}{14}+\frac{3}{15}\cdot\frac{2}{14}=0{,}1143$
9	$\frac{2}{25}=0{,}08$	$2\cdot\frac{3}{15}\cdot\frac{3}{14}=0{,}0857$
10	$\frac{1}{25}=0{,}04$	$\frac{3}{15}\cdot\frac{2}{14}=0{,}0286$
Summe	1	1

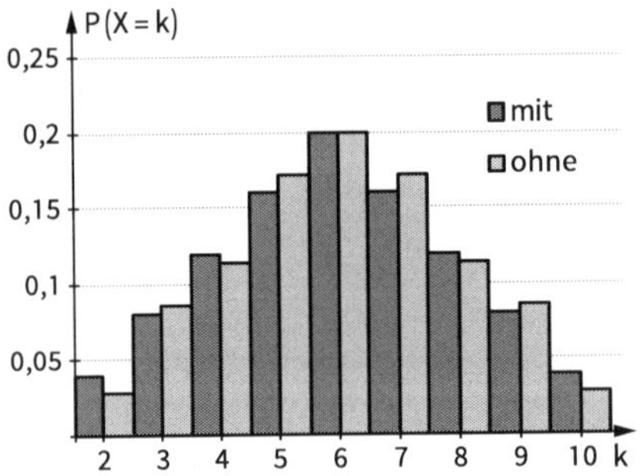

Histogramm:
dunkelgrau: Ziehen mit Zurücklegen;
hellgrau: Ziehen ohne Zurücklegen

179 **12. a)** X: *Anzahl der Würfe*

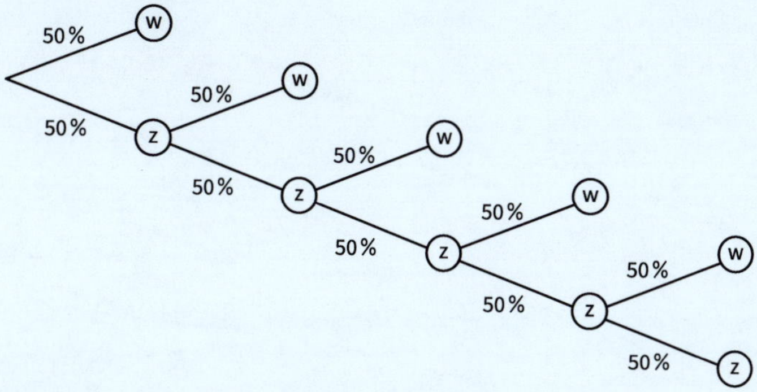

Mit $P(X=1)=\frac{1}{2}$; $P(X=2)=\frac{1}{4}$; $P(X=3)=\frac{1}{8}$; $P(X=4)=\frac{1}{16}$; $P(X=5)=\frac{1}{32}$; $P(X=7)=\frac{1}{32}$ folgt:

$E(X)=1\cdot\frac{1}{2}+2\cdot\frac{1}{4}+3\cdot\frac{1}{8}+4\cdot\frac{1}{16}+5\cdot\frac{1}{32}+7\cdot\frac{1}{32}=2$

b) Das Spiel ist fair, wenn der Einsatz 2 € beträgt.

13. Setzen auf Rot

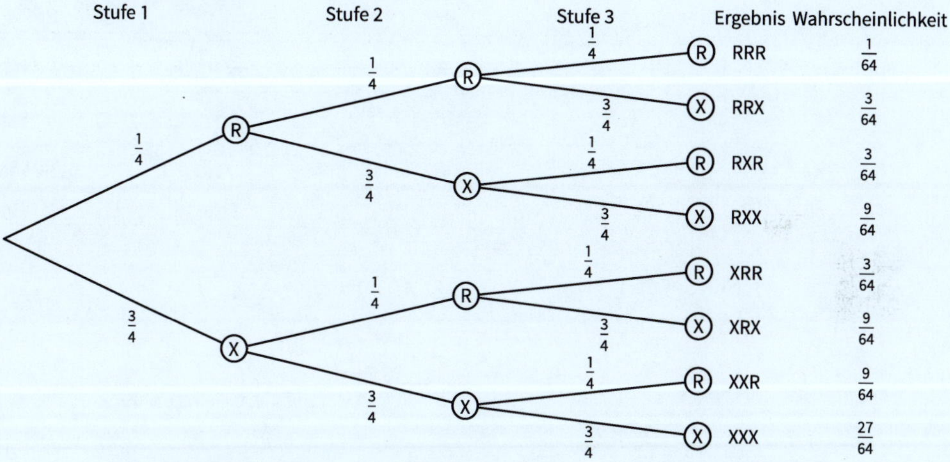

X: *Anzahl der Runden, bei denen der Zeiger auf einem roten Feld stehen bleibt*

k	Auszahlung a (in €)	P (X = k)	a · P (X = k) (in €)
0	0	$\frac{27}{64}$	0,0000
1	1,00	$\frac{27}{64}$	0,4219
2	2,50	$\frac{9}{64}$	0,3516
3	4,00	$\frac{1}{64}$	0,0625
Summe		1	0,8360

179

13. Setzen auf Blau

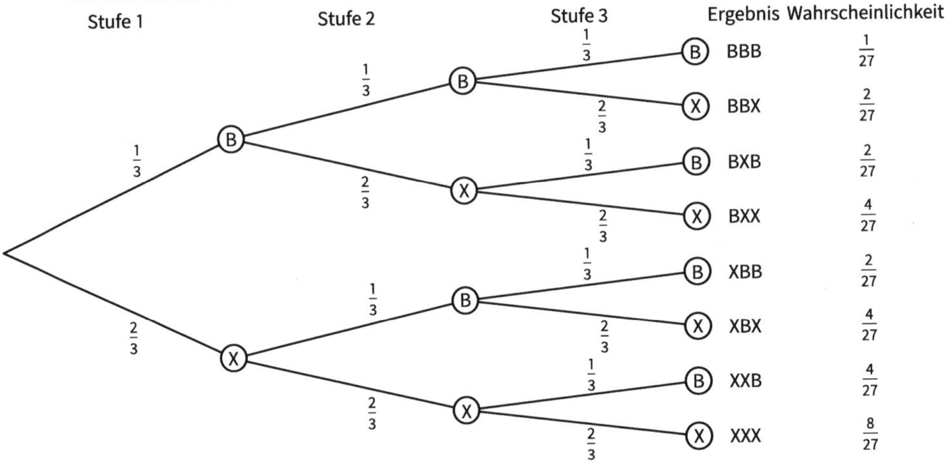

X: *Anzahl der Runden, bei denen der Zeiger auf einem blauen Feld stehen bleibt*

k	Auszahlung a (in €)	P (X = k)	a · P (X = k) (in €)
0	0	$\frac{8}{27}$	0,0000
1	0,50	$\frac{12}{27}$	0,2222
2	2,00	$\frac{6}{27}$	0,4444
3	5,00	$\frac{1}{27}$	0,1852
Summe		1	0,8518

Setzen auf Gelb

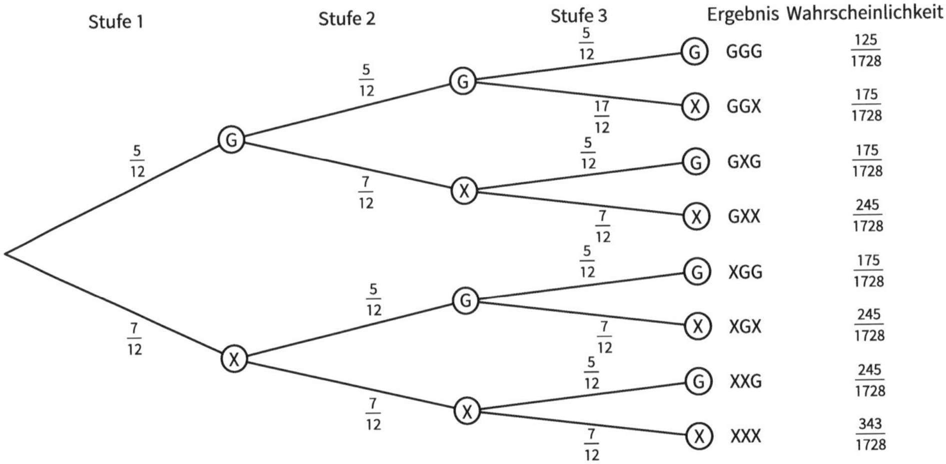

179

13. X: *Anzahl der Runden, bei denen der Zeiger auf einem gelben Feld stehen bleibt*

k	Auszahlung a (in €)	P(X = k)	a · P(X = k) (in €)
0	0	$\frac{343}{1728}$	0,0000
1	0,50	$\frac{735}{1728}$	0,2127
2	1,50	$\frac{525}{1728}$	0,4557
3	3,00	$\frac{125}{1728}$	0,2170
Summe		1	0,8854

Beim Setzen auf Gelb ist der geringste Verlust zu erwarten.

180

14. Verteilung der Gewinne auf dem Glücksrad:

Gewinn (in $)	1	2	5	10	20	40
Anzahl	24	15	7	3	3	2

Die Zufallsgröße X zähle den Gewinn, dann gilt:

$E(X) = 1 \cdot \frac{24}{54} + 2 \cdot \frac{15}{54} + 5 \cdot \frac{7}{54} + 10 \cdot \frac{3}{54} + 20 \cdot \frac{3}{54} + 40 \cdot \frac{2}{54} = \frac{259}{54} = 4{,}7963$

Ein Einsatz von mindestens 4,80 $ bringt Gewinn. Der Preis wird vermutlich bei 5 $ liegen.

15. $E(X) = \frac{1}{6} \cdot 2 + \frac{1}{6} \cdot 4 + \frac{1}{6} \cdot 8 + \frac{1}{6} \cdot 16 + \frac{1}{6} \cdot 32 + \frac{1}{6} \cdot 64 = 21$

16. Zu erwartende Kosten pro Gerät:

$0{,}15 \cdot 35{,}00\,€ + 0{,}10 \cdot 25{,}00\,€ + 0{,}02 \cdot 20{,}00\,€ = 8{,}15\,€$

17. a) Berechnung des zu erwartenden Gewinns bei der Herstellung von 15 Packungen:

Anzahl der verkauften Packungen	Gewinn in €	Wahrscheinlichkeit	zu erwartender Gewinn pro Packung
10	$10 \cdot 4 - 5 \cdot 6 = 10$	0,05	0,5
11	$11 \cdot 4 - 4 \cdot 6 = 20$	0,15	3,0
12	$12 \cdot 4 - 3 \cdot 6 = 30$	0,30	9,0
13	$13 \cdot 4 - 2 \cdot 6 = 40$	0,25	10,0
14	$14 \cdot 4 - 1 \cdot 6 = 50$	0,15	7,5
15	$15 \cdot 4 = 60$	0,10	6,0
insgesamt zu erwartender Gewinn pro Tag:			36,0

b) Berechnung des zu erwartenden Gewinns bei der Herstellung von 14 Packungen:

Anzahl der verkauften Packungen	Gewinn in €	Wahrscheinlichkeit	zu erwartender Gewinn pro Packung
10	$10 \cdot 4 - 4 \cdot 6 = 16$	0,05	0,8
11	$11 \cdot 4 - 3 \cdot 6 = 26$	0,15	3,9
12	$12 \cdot 4 - 2 \cdot 6 = 36$	0,30	10,8
13	$13 \cdot 4 - 1 \cdot 6 = 46$	0,25	11,5
14	$14 \cdot 4 = 56$	0,25	14,0
insgesamt zu erwartender Gewinn pro Tag:			41,0

180 **17. c)** Berechnung des zu erwartenden Gewinns bei der Herstellung von 13 Packungen:

Anzahl der verkauften Packungen	Gewinn in €	Wahrscheinlichkeit	zu erwartender Gewinn pro Packung
10	$10 \cdot 4 - 3 \cdot 6 = 22$	0,05	1,1
11	$11 \cdot 4 - 2 \cdot 6 = 32$	0,15	4,8
12	$12 \cdot 4 - 1 \cdot 6 = 42$	0,30	12,6
13	$13 \cdot 4 = 52$	0,50	26,0
	insgesamt zu erwartender Gewinn pro Tag:		44,5

Berechnung des zu erwartenden Gewinns bei der Herstellung von 12 Packungen:

Anzahl der verkauften Packungen	Gewinn in €	Wahrscheinlichkeit	zu erwartender Gewinn pro Packung
10	$10 \cdot 4 - 2 \cdot 6 = 28$	0,05	1,4
11	$11 \cdot 4 - 1 \cdot 6 = 38$	0,15	5,7
12	$12 \cdot 4 = 48$	0,80	38,4
	insgesamt zu erwartender Gewinn pro Tag:		45,5

Berechnung des zu erwartenden Gewinns bei der Herstellung von 11 Packungen:

Anzahl der verkauften Packungen	Gewinn in €	Wahrscheinlichkeit	zu erwartender Gewinn pro Packung
10	$10 \cdot 4 - 1 \cdot 6 = 34$	0,05	1,7
11	$11 \cdot 4 = 44$	0,95	41,8
	insgesamt zu erwartender Gewinn pro Tag:		43,5

Der Gewinn ist also am größten, wenn 12 Sushi-Packungen hergestellt werden.

4.2 Standardabweichung einer Zufallsgröße

181 **Einstiegsaufgabe ohne Lösung**

a)

k	2 Hexaeder P (X = k)	Tetraeder und Oktaeder P (X = k)
2	$\frac{1}{36} = \frac{8}{288}$	$\frac{1}{32} = \frac{9}{288}$
3	$\frac{2}{36} = \frac{16}{288}$	$\frac{2}{32} = \frac{18}{288}$
4	$\frac{3}{36} = \frac{24}{288}$	$\frac{3}{32} = \frac{27}{288}$
5	$\frac{4}{36} = \frac{32}{288}$	$\frac{4}{32} = \frac{36}{288}$
6	$\frac{5}{36} = \frac{40}{288}$	$\frac{4}{32} = \frac{36}{288}$
7	$\frac{6}{36} = \frac{48}{288}$	$\frac{4}{32} = \frac{36}{288}$
8	$\frac{5}{36} = \frac{40}{288}$	$\frac{4}{32} = \frac{36}{288}$
9	$\frac{4}{36} = \frac{32}{288}$	$\frac{4}{32} = \frac{36}{288}$
10	$\frac{3}{36} = \frac{24}{288}$	$\frac{3}{32} = \frac{27}{288}$
11	$\frac{2}{36} = \frac{16}{288}$	$\frac{2}{32} = \frac{18}{288}$
12	$\frac{1}{36} = \frac{8}{288}$	$\frac{1}{32} = \frac{9}{288}$

181 Die Werte, welche die Zufallsgrößen annehmen können, stimmen überein; jedoch unterscheiden sie sich hinsichtlich der Wahrscheinlichkeiten für die einzelnen Werte. Diese kann man mithilfe der Kombinationstabelle ermitteln.

b) Da die Werte der Zufallsgröße X_1 in der Umgebung des Erwartungswerts $\mu = 7$ mit größerer Wahrscheinlichkeit auftreten als bei der Zufallsgröße X_2, ist zu vermuten, dass die zu erwartende mittlere quadratische Abweichung bei X_1 geringer ist als bei X_2.

Augensumme	erwartete Anzahl X_1	erwartete Anzahl X_2	quadratische Abweichung X_1	quadratische Abweichung X_2
2	8	9	200	225
3	16	18	256	288
4	24	27	216	243
5	32	36	128	144
6	40	36	40	36
7	48	36	0	0
8	40	36	40	36
9	32	36	128	144
10	24	27	216	243
11	16	18	256	288
12	8	9	200	225
Summe	288	288	1680	1872
		Mittelwert	5,833	6,5

c) Rechnet man mit den Wahrscheinlichkeiten, dann entfällt am Ende der Rechnung die Division durch 288, da dies bei den Wahrscheinlichkeiten bereits berücksichtigt ist.

182 **1.**

Auszahlung in €	Wahrscheinlichkeit	erwartete Auszahlung in €	erwartete quadratische Abweichung
0	$\frac{94}{180}$	0	$\left(0-\frac{157}{180}\right)^2 \cdot \frac{94}{180} \approx 0{,}397$
1	$\frac{1}{4}=\frac{45}{180}$	$\frac{45}{180}$	$\left(1-\frac{157}{180}\right)^2 \cdot \frac{45}{180} \approx 0{,}004$
2	$\frac{1}{9}=\frac{20}{180}$	$\frac{40}{180}$	$\left(2-\frac{157}{180}\right)^2 \cdot \frac{20}{180} \approx 0{,}141$
3	$\frac{1}{15}=\frac{12}{180}$	$\frac{36}{180}$	$\left(3-\frac{157}{180}\right)^2 \cdot \frac{12}{180} \approx 0{,}302$
4	$\frac{1}{20}=\frac{9}{180}$	$\frac{36}{180}$	$\left(4-\frac{157}{180}\right)^2 \cdot \frac{9}{180} \approx 0{,}489$
Summe	1	$\frac{157}{180} \approx 0{,}872$	$\approx 1{,}333$

Der Erwartungswert der Auszahlung ist $\mu \approx 0{,}872$ €, d. h. der Erwartungswert des Gewinns beträgt $-0{,}128$ €.

Die Standardabweichung beträgt $\sigma \approx 1{,}155$ €.

183 **2.** (1) mit Zurücklegen

Anzahl der Runden	Wahrscheinlichkeit	erwartete Anzahl	quadratische Abweichung
1	$\frac{1}{6} = \frac{216}{1296}$	$\frac{216}{1296}$	$\left(1 - \frac{4651}{1296}\right)^2 \cdot \frac{216}{1296} \approx 1{,}117$
2	$\frac{5}{36} = \frac{180}{1296}$	$\frac{360}{1296}$	$\left(2 - \frac{4651}{1296}\right)^2 \cdot \frac{180}{1296} \approx 0{,}351$
3	$\frac{25}{216} = \frac{150}{1296}$	$\frac{450}{1296}$	$\left(3 - \frac{4651}{1296}\right)^2 \cdot \frac{150}{1296} \approx 0{,}040$
4	$\frac{125}{1296}$	$\frac{500}{1296}$	$\left(4 - \frac{4651}{1296}\right)^2 \cdot \frac{125}{1296} \approx 0{,}016$
5	$\frac{625}{1296}$	$\frac{3125}{1296}$	$\left(5 - \frac{4651}{1296}\right)^2 \cdot \frac{625}{1296} \approx 0{,}960$
Summe	1	$\frac{4651}{1296} \approx 3{,}589$	$\approx 2{,}484$

Der Erwartungswert der Anzahl der Runden beträgt $\mu \approx 3{,}6$.
Die Standardabweichung ist $\sigma \approx 1{,}576$.

(2) ohne Zurücklegen

Anzahl der Runden	Wahrscheinlichkeit	erwartete Anzahl	quadratische Abweichung
1	$\frac{1}{6}$	$\frac{1}{6}$	$\left(1 - \frac{10}{3}\right)^2 \cdot \frac{1}{6} \approx 0{,}907$
2	$\frac{5}{6} \cdot \frac{1}{5} = \frac{1}{6}$	$\frac{2}{6}$	$\left(2 - \frac{10}{3}\right)^2 \cdot \frac{1}{6} \approx 0{,}296$
3	$\frac{5}{6} \cdot \frac{4}{5} \cdot \frac{1}{4} = \frac{1}{6}$	$\frac{3}{6}$	$\left(3 - \frac{10}{3}\right)^2 \cdot \frac{1}{6} \approx 0{,}185$
4	$\frac{5}{6} \cdot \frac{4}{5} \cdot \frac{3}{4} \cdot \frac{1}{3} = \frac{1}{6}$	$\frac{4}{6}$	$\left(4 - \frac{10}{3}\right)^2 \cdot \frac{1}{6} \approx 0{,}074$
5	$\frac{2}{6}$	$\frac{10}{6}$	$\left(5 - \frac{10}{3}\right)^2 \cdot \frac{2}{6} \approx 0{,}926$
	1	$\frac{20}{6} \approx 3{,}3$	$\approx 2{,}222$

Der Erwartungswert der Anzahl der Runden beträgt $\mu \approx 3{,}3$.
Die Standardabweichung ist $\sigma \approx 1{,}490$.
Dass der Erwartungswert der Anzahl der Runden beim Ziehen ohne Zurücklegen kleiner ist als beim Ziehen mit Zurücklegen, ist plausibel, da sich von Runde zu Runde die Wahrscheinlichkeit für das Ziehen der weißen Kugel erhöht, während sie beim Ziehen mit Zurücklegen jeweils gleich bleibt. Da beim Ziehen mit Zurücklegen die Wahrscheinlichkeit für 5 Runden sehr groß ist, wird sich dies auf die Größe der Standardabweichung auswirken.

3. Die Wahrscheinlichkeiten für die Augenzahlen 1, 2, …, n betragen jeweils $\frac{1}{n}$, wobei beim Tetraeder gilt $n = 4$, beim Hexaeder $n = 6$, beim Oktaeder $n = 8$, beim Dodekaeder $n = 12$, beim Ikosaeder $n = 20$. Daher gilt:

Tetraeder: $\mu = \frac{1+2+3+4}{4} = \frac{10}{4} = 2{,}5$

$\sigma^2 = \frac{(1-2{,}5)^2 + \ldots + (4-2{,}5)^2}{4} = \frac{15}{12} = 1{,}25$; also $\sigma \approx 1{,}118$

183

Hexaeder: $\mu = \frac{1+2+3+4+5+6}{6} = \frac{21}{6} = 3{,}5$

$\sigma^2 = \frac{(1-3{,}5)^2 + \ldots + (6-3{,}5)^2}{6} = \frac{35}{12} \approx 2{,}92$; also $\sigma \approx 1{,}708$

Oktaeder: $\mu = \frac{1+2+3+4+5+6+7+8}{8} = \frac{36}{8} = 4{,}5$

$\sigma^2 = \frac{(1-4{,}5)^2 + \ldots + (8-4{,}5)^2}{8} = \frac{63}{12} = 5{,}25$; also $\sigma \approx 2{,}291$

Dodekaeder: $\mu = \frac{1+2+3+4+5+6+7+8+9+10+11+12}{12} = \frac{78}{12} = 6{,}5$

$\sigma^2 = \frac{(1-6{,}5)^2 + \ldots + (12-6{,}5)^2}{12} = \frac{143}{12} \approx 11{,}92$; also $\sigma \approx 3{,}452$

Ikosaeder: $\mu = \frac{1+2+3+4+5+6+\ldots+19+20}{20} = \frac{210}{20} = 10{,}5$

$\sigma^2 = \frac{(1-10{,}5)^2 + \ldots + (20-10{,}5)^2}{20} = \frac{399}{12} = 33{,}25$; also $\sigma \approx 5{,}766$

4. a) Erwartungswert von X: $\mu = \frac{1+2+3+4+5+6}{6} = \frac{21}{6} = 3{,}5$

Erwartungswert von Y: $\mu = 2 \cdot \frac{1}{36} + 3 \cdot \frac{2}{36} + 4 \cdot \frac{3}{36} + \ldots + 12 \cdot \frac{1}{36} = 7$

(vgl. Lösung von Aufgabe 2 a) von Seite 177)

b) Standardabweichung von X:

$\sigma^2 = \frac{(1-3{,}5)^2 + \ldots + (6-3{,}5)^2}{6} = \frac{35}{12} \approx 2{,}92$; also $\sigma \approx 1{,}708$

Standardabweichung von Y:

$\sigma^2 = (2-7)^2 \cdot \frac{1}{36} + (3-7)^2 \cdot \frac{2}{36} + \ldots + (12-7)^2 \cdot \frac{1}{36} = \frac{35}{6} \approx 5{,}83$; also $\sigma \approx 2{,}415$

Zusammenhang: Das Quadrat der Standardabweichung von Y ist doppelt so groß wie das Quadrat der Standardabweichung von X.

c) Erwartungswert von X: $\mu = \frac{1+2+3+4}{4} = \frac{10}{4} = 2{,}5$

Erwartungswert von Y: $\mu = 2 \cdot \frac{1}{16} + 3 \cdot \frac{2}{16} + 4 \cdot \frac{3}{36} + \ldots + 8 \cdot \frac{1}{16} = 5$

(vgl. Lösung von Aufgabe 2 b) von Seite 177)

Standardabweichung von X:

$\sigma^2 = \frac{(1-2{,}5)^2 + \ldots + (4-2{,}5)^2}{4} = \frac{15}{12} \approx 1{,}25$; also $\sigma \approx 1{,}118$

Standardabweichung von Y:

$\sigma^2 = (2-5)^2 \cdot \frac{1}{16} + (3-5)^2 \cdot \frac{2}{16} + \ldots + (8-5)^2 \cdot \frac{1}{16} = \frac{15}{6} = 2{,}5$; also $\sigma \approx 1{,}581$

Der in Teilaufgabe b) genannte Zusammenhang zeigt sich auch hier.

5.

Auszahlung in €	Wahrscheinlichkeit			erwartete Auszahlung in €		
	(1)	(2)	(3)	(1)	(2)	(3)
0	$\frac{5}{10}$	$\frac{8}{12}$	$\frac{9}{16}$	0	0	0
1	$\frac{5}{10}$	$\frac{2}{12}$	$\frac{6}{16}$	$\frac{5}{10}$	$\frac{2}{12}$	$\frac{6}{16}$
2	0	$\frac{2}{12}$	$\frac{1}{16}$	0	$\frac{4}{12}$	$\frac{2}{16}$
Summe	1	1	1	$\mu = \frac{5}{10} = 0{,}5$	$\mu = \frac{6}{12} = 0{,}5$	$\mu = \frac{8}{16} = 0{,}5$

183

5.

Auszahlung in €	Wahrscheinlichkeit			quadratische Abweichung		
	(1)	(2)	(3)	(1)	(2)	(3)
0	$\frac{5}{10}$	$\frac{8}{12}$	$\frac{9}{16}$	$(0-0{,}5)^2 \cdot \frac{5}{10} = \frac{1}{8}$	$(0-0{,}5)^2 \cdot \frac{8}{12} = \frac{1}{6}$	$(0-0{,}5)^2 \cdot \frac{9}{16} \approx 0{,}141$
1	$\frac{5}{10}$	$\frac{2}{12}$	$\frac{6}{16}$	$(1-0{,}5)^2 \cdot \frac{5}{10} = \frac{1}{8}$	$(1-0{,}5)^2 \cdot \frac{2}{12} = \frac{1}{24}$	$(1-0{,}5)^2 \cdot \frac{6}{16} \approx 0{,}094$
2	0	$\frac{2}{12}$	$\frac{1}{16}$	0	$(2-0{,}5)^2 \cdot \frac{2}{12} = \frac{3}{8}$	$(2-0{,}5)^2 \cdot \frac{1}{16} \approx 0{,}141$
Summe	1	1	1	$\frac{1}{4} = 0{,}125$	$\frac{7}{12} \approx 0{,}583$	$\frac{3}{8} = 0{,}375$
				$\sigma = 0{,}5$	σ 0,764	$\sigma \approx 0{,}612$

6.

Augensumme	Wahrscheinlichkeit	Auszahlung in €		erwartete Auszahlung in €	
		(1)	(2)	(1)	(2)
2 oder 12	$\frac{2}{36}$	5,00	10,00	$\frac{10}{36}$	$\frac{20}{36}$
3 oder 11	$\frac{4}{36}$	4,00	5,00	$\frac{16}{36}$	$\frac{20}{36}$
4 oder 10	$\frac{6}{36}$	3,00	3,00	$\frac{18}{36}$	$\frac{18}{36}$
5 oder 9	$\frac{8}{36}$	1,50	1,00	$\frac{12}{36}$	$\frac{8}{36}$
6 oder 8	$\frac{10}{36}$	1,00	0,00	$\frac{10}{36}$	0
7	$\frac{6}{36}$	0,00	0,00	0	0
Summe	1			$\mu = \frac{66}{36} \approx 1{,}83$	$\mu = \frac{66}{36} \approx 1{,}83$

In beiden Fällen wird im Mittel der gleiche Betrag ausgezahlt. Da die Wahrscheinlichkeit für die Auszahlung eines höheren Betrages bei Verfahren (2) höher ist als bei Verfahren (1), ist es günstiger das Verfahren (2) zu wählen.

4.3 Stetige und diskrete Zufallsgrößen

187

1. Die Funktionsgleichung ist: $y = \frac{1}{\sqrt{2\pi}} \cdot \frac{1}{5} \cdot e^{-\frac{(x-55)^2}{50}}$

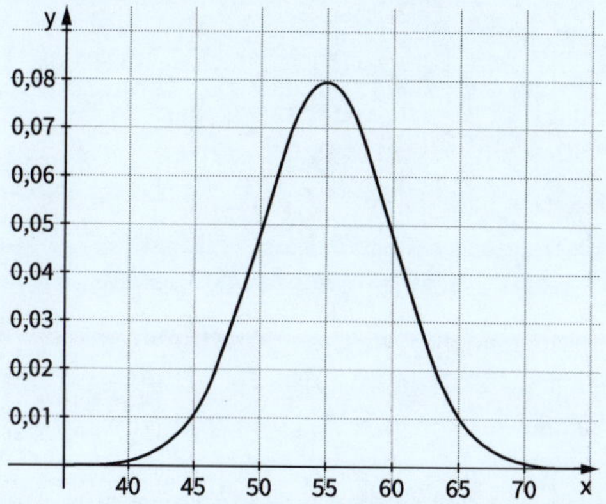

2. (1) Zwei Drittel der Frauen haben eine Körpergröße, die im Intervall $[\mu - \sigma;\ \mu + \sigma] = [161{,}5\,\text{cm};\ 174{,}5\,\text{cm}]$ liegt.

(2) Ein Sechstel der Frauen haben eine Körpergröße, die unterhalb von $\mu - \sigma = 161{,}5\,\text{cm}$ liegt, ein Sechstel der Frauen haben eine Körpergröße, die oberhalb von $\mu + \sigma = 174{,}5\,\text{cm}$ liegt.

3. Gemäß dem ersten Text beträgt der Erwartungswert 100 IQ-Punkte und die Standardabweichung 15 IQ-Punkte; demnach haben zwei Drittel der Deutschen einen IQ, der zwischen $100 - 15 = 85$ und $100 + 15 = 115$ liegt, was im zweiten Text notiert ist. Also passen die beiden Texte zueinander.
Die Information bezüglich der 2 % hochintelligenter Menschen ist im ersten Text nicht enthalten; dies setzt weitere Kenntnisse über normalverteilte Zufallsgrößen voraus, auf die erst in der Qualifikationsphase eingegangen wird.

4. (1) $\frac{2}{3} \cdot \frac{2}{3} = \frac{4}{9} \approx 44{,}4\,\%$ (2) $\frac{1}{3} \cdot \frac{1}{3} = \frac{1}{9} \approx 11{,}1\,\%$

188

5. Aus der Grafik entnommen: $\mu = 7{,}8\,\text{l}/100\,\text{km}$; $\sigma = 1{,}5\,\text{l}/100\,\text{km}$
Mit einer Wahrscheinlichkeit von ca. 68 % liegt der Benzinverbrauch im Intervall $[6{,}3\,\text{l}/100\,\text{km};\ 9{,}3\,\text{l}/100\,\text{km}]$.
Mit einer Wahrscheinlichkeit von ca. 16 % liegt der Benzinverbrauch unterhalb von 6,3 l/100 km (oberhalb von 9,3 l/100 km).

188 **6.** (1)

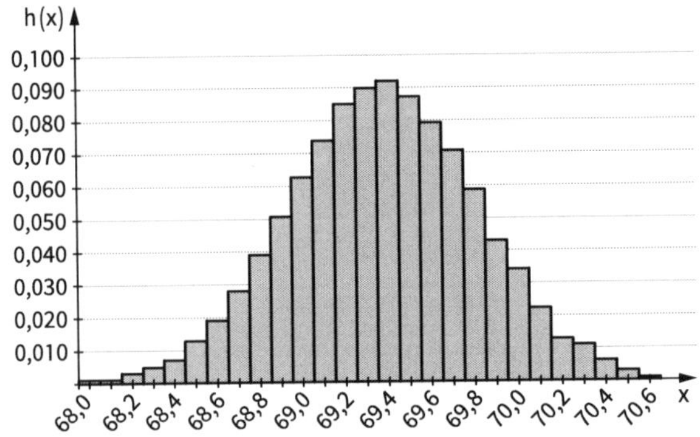

(2) Mittelwert: 69,37 mm; Standardabweichung: 0,4316 mm

(3) Normalverteilung mit $\mu = 69{,}37$; $\sigma = 0{,}4316$

(4) Mit einer Wahrscheinlichkeit von 68 % liegt die Länge zwischen 68,94 mm und 69,80 mm.
Zur Kontrolle werden die relativen Häufigkeiten für eine Länge von 69,0 (umfasst das Intervall von 68,95 bis 69,05) bis 69,7 (umfasst das Intervall von 69,65 bis 69,75) einschließlich sowie zur Hälfte die relative Häufigkeit für die Länge 69,8 mm addiert; dies ergibt ca. 67 % in guter Übereinstimmung mit der Regel über normalverteilte Zufallsgrößen.

7. $\bar{x} \approx 168\,\text{cm}$; $s \approx 6{,}33\,\text{cm}$

189 **8.** $\bar{x} \approx 23{,}7\,\text{g}$; $s \approx 4{,}09\,\text{g}$
Normalverteilung mit $\mu = 23{,}7$ und $\sigma = 4{,}09$

9. **a)** Die Grafiken enthalten Informationen

(1) über den Kopfumfang von Jungen im Zeitraum von der Geburt bis zum Alter von 5 Jahren in Abhängigkeit vom Lebensalter,

(2) das Gewicht von Mädchen im Zeitraum von der Geburt bis zum Alter von 2 Jahren in Abhängigkeit von der Körpergröße,

(3) das Gewicht von Jungen im Zeitraum zwischen 5 und 10 Jahren in Abhängigkeit vom Alter.

Die Nulllinie (grün) markiert den jeweiligen Mittelwert $\bar{x}$, die gelben Linien mit der Bezeichnung −1 bzw. +1 markieren das Intervall zwischen $\bar{x} - s$ und $\bar{x} + s$.
Hinweis: Die roten und schwarzen Linien beziehen sich auf $\bar{x} - 2s$ und $\bar{x} + 2s$ bzw. auf $\bar{x} - 3s$ und $\bar{x} + 3s$.

b) In Grafik (1) verlaufen die gelben Linien ungefähr gleich weit von der grünen Linie entfernt, d. h. es liegt eine symmetrische Verteilung vor, was den Ansatz einer Normalverteilung rechtfertigen könnte.
Bei Grafik (2) liegt eine Symmetrie nur näherungsweise vor.
Bei Grafik (3) ist die Abweichung von der Symmetrie zu groß für den Ansatz einer Normalverteilung.

189 **9. c)** Betrachtet man in Grafik (1) den Kopfumfang von Jungen im Alter von 5 Jahren, dann liest man ungefähr ab:

$\overline{x} \approx 50{,}7\,\text{cm} \approx \mu$; $\overline{x} - s \approx 49{,}2\,\text{cm}$; $\overline{x} + s \approx 52{,}2\,\text{cm}$; also $s \approx 1{,}5\,\text{cm} \approx \sigma$.

In Grafik (2) kann man beispielsweise das Gewicht von Mädchen betrachten, deren Körpergröße 110 cm beträgt. Dann liest man ungefähr ab:

$\overline{x} \approx 18{,}2\,\text{kg} \approx \mu$; $\overline{x} - s \approx 16{,}6\,\text{kg}$; $\overline{x} + s \approx 20{,}2\,\text{kg}$; also $s \approx 1{,}8\,\text{kg} \approx \sigma$.

10. Im Histogramm sind die Häufigkeiten der kleinsten bzw. größten Klasse weggelassen worden, da keine Informationen über das untere Ende des Intervalls gegeben sind.
Da man die Gestalt des Histogramms kaum als symmetrisch zu einem Mittelwert bezeichnen kann, ist der Ansatz einer Normalverteilung nicht gerechtfertigt.

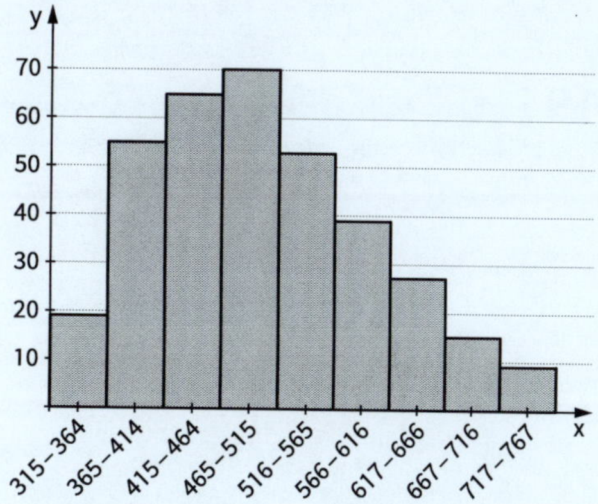

Im Blickpunkt: Klassische Probleme aus der Geschichte der Wahrscheinlichkeitsrechnung

190 **1.** $P(E_1) = \left(\frac{5}{6}\right)^4 = 0{,}482$ $\quad P(\overline{E})_1 = 0{,}518$

$P(E_2) = \left(\frac{35}{36}\right)^{24} = 0{,}509$ $\quad P(\overline{E})_2 = 0{,}491$

P(mindestens eine Sechs in 4 Würfen) = 0,518 > 0,491 = P(mindestens ein Sechser-Pasch in 24 Würfen)

2. Ansatz: Das Spielergebnis der ausstehenden Spiele wird durch Münzwurf entschieden.
P(die führende Mannschaft gewinnt) $= \frac{15}{16}$
P(die zurückliegende Mannschaft gewinnt) $= \frac{1}{16}$

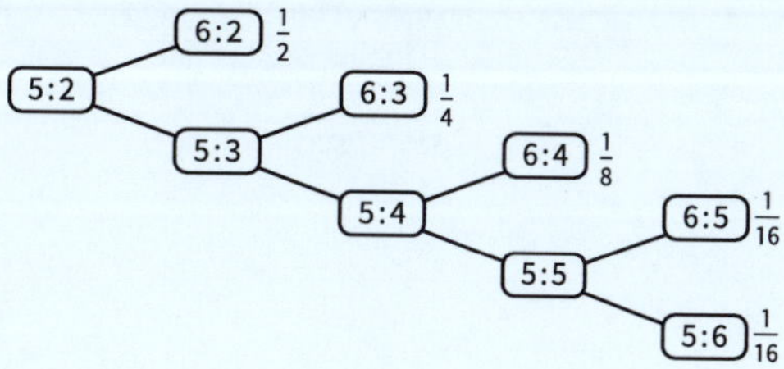

3. $\frac{1}{2} \cdot 1 + \frac{1}{4} \cdot 2 + \frac{1}{8} \cdot 3 + \frac{1}{8} \cdot 4 = 1{,}875$
Im Mittel dauert das Spiel noch 1,875 Runden.

190 **4.** Zur Augensumme 7 gehören die Ergebnisse $E_7 = \{16, 25, 34, 43, 52, 61\}$, also $P(E_7) = \frac{6}{36}$ entsprechend.

$E_{11} = \{56, 65\}$, also $P(E_{11}) = \frac{2}{36}$

$E_{12} = \{66\}$, also $P(E_{12}) = \frac{1}{36}$

Augensumme	2	3	4	5	6	7	8	9	10	11	12
Wahrscheinlichkeit	$\frac{1}{36}$	$\frac{2}{36}$	$\frac{3}{36}$	$\frac{4}{36}$	$\frac{5}{36}$	$\frac{6}{36}$	$\frac{5}{36}$	$\frac{4}{36}$	$\frac{3}{36}$	$\frac{2}{36}$	$\frac{1}{36}$

191 **5.** Das Ereignis „eine Sechs in 3 Würfen“ bedeutet:
E: ***mindestens** eine Sechs in 3 Würfen*
Gegenereignis: $\overline{E}$: *keine Sechs in 3 Würfen* $P(\overline{E}) = \left(\frac{5}{6}\right)^3 = 0{,}579$, also $P(E) = 0{,}421$.
Es lohnt sich nicht, auf das Ereignis zu wetten.

6. $E_9 = \{126, 135, 144, 153, 162, 216, 225, 234, 243, 252, 261, 315, 324, 333, 342, 351, 414, 423, 432, 441, 513, 522, 531, 612, 621\}$

$P(E_9) = \frac{25}{216}$

$E_{10} = \{136, 145, 154, 163, 226, 235, 244, 253, 262, 316, 325, 334, 343, 352, 361, 415, 424, 433, 442, 451, 514, 523, 532, 541, 613, 622, 631\}$

$P(E_{10}) = \frac{27}{216}$

7. *32 Karten:* $\frac{8}{32} \cdot \frac{8}{31} \cdot \frac{8}{30} \cdot \frac{8}{29}$ ist die Wahrscheinlichkeit für eine bestimmte Reihenfolge, z. B. Kreuz – Pik – Herz – Karo
Es gibt 24 verschiedene Reihenfolgen, daher hat das gesuchte Ereignis die Wahrscheinlichkeit $24 \cdot \frac{8^4}{32 \cdot 31 \cdot 30 \cdot 29} = 0{,}114$
Damit die Wette fair ist, müssen die Gewinnerwartungswerte gleich sein. Wenn x_B der Einsatz von B ist, dann muss also für den Einsatz x_A von A gelten:

$0{,}114\, x_B = 0{,}886\, x_A$

$x_B = \frac{0{,}886}{0{,}114} x_A$

Bei einem Einsatz von $x_A = 1$ € ergibt sich $x_B \approx 7{,}77$ €.

52 Karten: $24 \cdot \frac{13^4}{52 \cdot 51 \cdot 50 \cdot 49} = 0{,}1055$

Auszahlung: $x \approx 8{,}48$ €

191

8. *3 Karten:*

Mögliche Reihenfolgen: $\underline{123}$, $\underline{1}32$, $21\underline{3}$, **231**, **312**, $3\underline{2}1$

(unterstrichene Zahlen: Nummer der Ziehung stimmt mit der Nummer auf der Karte überein. Fett gedruckte Zahlen: Es gibt keine Übereinstimmungen.)

In zwei von sechs Fällen gibt es keine Übereinstimmung, d. h. die Wahrscheinlichkeit beträgt $\frac{1}{3}$.

4 Karten:

Mögliche Reihenfolgen: $\underline{1234}$, $\underline{12}43$, $\underline{1}32\underline{4}$, $\underline{1}342$, $\underline{1}423$, $\underline{1}4\underline{3}2$, $21\underline{34}$, **2143**, $231\underline{4}$, **2341**, **2413**, $24\underline{3}1$, $312\underline{4}$, **3142**, $321\underline{4}$, $3\underline{2}41$, **3412**, **3421**, **4123**, $41\underline{3}2$, $4\underline{2}13$, $4\underline{23}1$, **4312**, **4321**

In neun von 24 Fällen gibt es keine Übereinstimmung, d. h. die Wahrscheinlichkeit beträgt $\frac{9}{24}=\frac{3}{8}$.

9. (1)

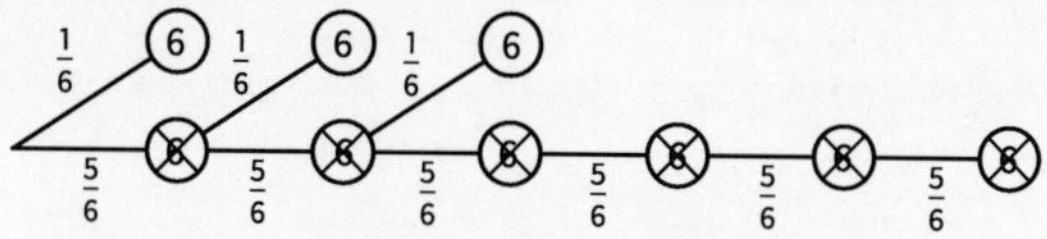

Bedeutet Augenzahl 6 im 9. Wurf

$$P(\text{A gewinnt}) = \overset{\boxed{1}}{\frac{1}{6}} + \overset{\boxed{3}}{\left(\frac{5}{6}\right)^2 \cdot \frac{1}{6}} + \overset{\boxed{5}}{\left(\frac{5}{6}\right)^4 \cdot \frac{1}{6}} + \overset{\boxed{7}}{\left(\frac{5}{6}\right)^6 \cdot \frac{1}{6}} + \overset{\boxed{9}}{\left(\frac{5}{6}\right)^8 \cdot \frac{1}{6}} \approx 0{,}457$$

$$P(\text{B gewinnt}) = \overset{\boxed{2}}{\left(\frac{5}{6}\right) \cdot \frac{1}{6}} + \overset{\boxed{4}}{\left(\frac{5}{6}\right)^3 \cdot \frac{1}{6}} + \overset{\boxed{6}}{\left(\frac{5}{6}\right)^5 \cdot \frac{1}{6}} + \overset{\boxed{8}}{\left(\frac{5}{6}\right)^7 \cdot \frac{1}{6}} + \overset{\boxed{10}}{\left(\frac{5}{6}\right)^9 \cdot \frac{1}{6}} \approx 0{,}381$$

$P(\text{keiner gewinnt}) = 1 - P(\text{A gewinnt}) - P(\text{B gewinnt}) \approx 0{,}162$

(2)

$$P(\text{A gewinnt}) = \overset{\boxed{1}}{\frac{1}{6}} + \overset{\boxed{3}}{\left(\frac{5}{6}\right)^2 \cdot \frac{1}{6}} + \overset{\boxed{4}}{\left(\frac{5}{6}\right)^3 \cdot \frac{1}{6}} + \overset{\boxed{7}}{\left(\frac{5}{6}\right)^6 \cdot \frac{1}{6}} + \overset{\boxed{8}}{\left(\frac{5}{6}\right)^7 \cdot \frac{1}{6}} + \overset{\boxed{9}}{\left(\frac{5}{6}\right)^8 \cdot \frac{1}{6}} \approx 0{,}520$$

$$P(\text{B gewinnt}) = \overset{\boxed{2}}{\left(\frac{5}{6}\right) \cdot \frac{1}{6}} + \overset{\boxed{5}}{\left(\frac{5}{6}\right)^4 \cdot \frac{1}{6}} + \overset{\boxed{6}}{\left(\frac{5}{6}\right)^5 \cdot \frac{1}{6}} + \overset{\boxed{10}}{\left(\frac{5}{6}\right)^9 \cdot \frac{1}{6}} \approx 0{,}318$$

$P(\text{keiner gewinnt}) \approx 0{,}162$

(3) $P(\text{A gewinnt}) = P(\boxed{1}) + P(\boxed{4}) + P(\boxed{5}) + P(\boxed{6}) \approx 0{,}410$

$P(\text{B gewinnt}) = P(\boxed{2}) + P(\boxed{3}) + P(\boxed{7}, \boxed{8}, \boxed{9}, \boxed{10}) \approx 0{,}428$

$P(\text{keiner gewinnt}) \approx 0{,}162$

5 Aufgabenpraktikum

Mathematisches Modellieren

196 **Einstiegsaufgabe ohne Lösung**

Zeitungsartikel links:

2,6 Menschen pro Sekunde $\Rightarrow$ 81 993 600 $\approx$ 82 Millionen Menschen pro Jahr

Funktionsgleichung: $y = 7\,289 + 82 \cdot n$ (y: Weltbevölkerung nach n Jahren)

Nach 36 Jahren, also im Jahr 2050 leben $7\,289 + 82 \cdot 36 = 10\,241$ Millionen Menschen auf der Erde.

Zeitungsartikel rechts:

Die Weltbevölkerung wächst jährlich um den Faktor 1,007.

Funktionsgleichung: $y = 7\,289 \cdot 1{,}007^n$

Nach 36 Jahren, also im Jahr 2050 leben $7\,289 \cdot 1{,}007^{36} = 9\,370$ Millionen Menschen auf der Erde.

198 **1.** Funktionsgleichung: $y = 32 \cdot 0{,}5^{\frac{x-1}{4}}$ für $x \geq 1$ mit x = Anzahl der Stunden

a) Eine 0,33-l-Dose enthält 105,6 mg Koffein.

$0{,}1 = 105{,}6 \cdot 0{,}5^{\frac{x-1}{4}} \Rightarrow x \approx 41$

Nach rund 41 Stunden ist noch 0,1 mg Koffein im Blut.

b) $0{,}1 = 105{,}6 \cdot 0{,}5^{\frac{x-1}{20}} \Rightarrow x \approx 202$

Bei Schwangeren dauert der Koffein-Abbau rund 202 Stunden, also 8 Tage und 10 Stunden.

2. Das Modellstück ist ein Würfel mit der Kantenlänge 3 LE, also 3 cm.

$A_O = 54\ \text{cm}^2$

Pyramidenspitze bei P(1,5 | 1,5 | 8) $\quad \overrightarrow{EP} = \begin{pmatrix} 1{,}5 \\ 1{,}5 \\ 5 \end{pmatrix} \quad \overrightarrow{FP} = \begin{pmatrix} -1{,}5 \\ 1{,}5 \\ 5 \end{pmatrix}$

Der Betrag von $\overrightarrow{EP}$ entspricht der Länge einer Seitenkante der aufgesetzten Pyramide: $|\overrightarrow{EP}| = \sqrt{29{,}5}\ \text{cm} \approx 5{,}43\ \text{cm}$

Länge des Drahtes: $d = 12 \cdot 3\ \text{cm} + 4 \cdot 5{,}43\ \text{cm} = 57{,}72\ \text{cm}$

Flächeninhalt eines Seitendreiecks der aufgesetzten Pyramide:

$\frac{1}{2} \cdot |\overrightarrow{PE} \times \overrightarrow{PF}| = \frac{1}{2} \cdot \sqrt{245{,}25}\ \text{cm}^2 \approx 7{,}83\ \text{cm}^2$

Oberflächeninhalt des Werkstücks $A_O \approx 5 \cdot 9\ \text{cm}^2 + 4 \cdot 7{,}83\ \text{cm}^2 = 76{,}32\ \text{cm}^2$

3. $\left| \begin{array}{l} \frac{1}{4}a + b = 7 \\ a + b = 10 \end{array} \right| \qquad L = \{(4 | 6)\}$

Die Länge beträgt 4 Handbreiten, die Breite 6 Handbreiten.

198

4. Da die Befragten mit Antwort „weiß nicht“ bei den Prozentangaben berücksichtigt wurden, muss erst die Zahl derjenigen Befragten ermittelt werden, die eine verwendbare Antwort gegeben haben.
Die Angaben, die man aus der Grafik entnehmen kann, sind ziemlich ungenau, weil

- bei den monatlichen Kosten Klassen gebildet wurden (Intervalle) und es daher schwierig ist, einen Wert anzugeben, der möglichst gut die einzelnen Klassen repräsentiert; ein solcher Wert wurde in die 2. Spalte der nachfolgenden Tabellen eingetragen;
- die Anteile in der Grafik auf volle Prozente gerundet sind, sodass es schwierig ist, die tatsächliche Anzahl von Personen anzugeben, die zu einer Klasse gehören; aus der Gesamtzahl der befragten Personen $(n = 675)$ und dem Anteil der Personen, die keine verwendbare Antwort gegeben haben (9 %) wird geschlossen, dass insgesamt $675 - 60 = 615$ eine verwendbare Antwort gegeben haben. Die einzelnen Anzahlen stehen in der 4. Spalte der nachfolgenden Tabellen.

Der Mittelwert wird nun so gebildet, dass der gewählte Mittelwert einer Klasse mit der Anzahl der Befragten multipliziert (5. Spalte) und addiert wird. Die Summe gibt an, welche Kosten die 615 Befragten pro Monat haben. Nach Division durch die Anzahl erhält man dann den geschätzten Mittelwert von $\frac{7308\,€}{615} \approx 11{,}88\,€$.
Da in der Grafik auch dieser Mittelwert gerundet ist, ergibt sich aus unserer Rechnung ein geschätzter Mittelwert von 12 €.
Die Abweichung unserer Schätzung ist vermutlich darauf zurückzuführen, dass der gewählte Mittelwert für die einzelnen Klassen zu niedrig angesetzt wurde.

monatliche Kosten in €	gewählter Mittelwert der Klasse in €	ermittelter Anteil	gerundete Anzahl der Befragten	gewichteter Wert in €
bis 5	3	0,33	223	669
6 bis 10	8	0,18	122	976
11 bis 15	13	0,19	128	1664
16 bis 20	18	0,08	54	972
21 bis 30	25,5	0,08	54	1377
31 bis 50	40,5	0,03	20	810
50 und mehr	60	0,02	14	840
weiß nicht		0,09		
	Summe	1	615	7308

Analog erfolgt die Auswertung der anderen Informationen aus der Grafik:

198

10- bis 12-jährige

monatliche Kosten in €	gewählter Mittelwert der Klasse in €	ermittelter Anteil	gerundete Anzahl der Befragten	gewichteter Wert in €
bis 5	3	0,55	107	321
6 bis 10	8	0,17	33	264
11 bis 15	13	0,09	18	234
16 bis 20	18	0,01	2	36
21 bis 30	25,5	0,02	4	102
31 bis 50	40,5	0	0	0
50 und mehr	60	0	0	0
weiß nicht		0,16		
	Summe	1	164	957

geschätzter Mittelwert: $\frac{957\,€}{164} \approx 5{,}84\,€ \approx 6\,€$

13- bis 15-jährige

monatliche Kosten in €	gewählter Mittelwert der Klasse in €	ermittelter Anteil	gerundete Anzahl der Befragten	gewichteter Wert in €
bis 5	3	0,28	63	189
6 bis 10	8	0,21	47	376
11 bis 15	13	0,22	50	650
16 bis 20	18	0,1	23	414
21 bis 30	25,5	0,05	11	280,5
31 bis 50	40,5	0,02	5	202,5
50 und mehr	60	0	0	0
weiß nicht		0,12		
	Summe	1	199	2112

geschätzter Mittelwert: $\frac{2112\,€}{199} \approx 10{,}61\,€ \approx 11\,€$

13- bis 15-jährige

monatliche Kosten in €	gewählter Mittelwert der Klasse in €	ermittelter Anteil	gerundete Anzahl der Befragten	gewichteter Wert in €
bis 5	3	0,22	56	168
6 bis 10	8	0,16	40	320
11 bis 15	13	0,24	61	793
16 bis 20	18	0,1	25	450
21 bis 30	25,5	0,14	35	892,5
31 bis 50	40,5	0,06	15	607,5
50 und mehr	60	0,04	10	600
weiß nicht		0,04		
	Summe	1	242	3831

geschätzter Mittelwert: $\frac{3831\,€}{242} \approx 15{,}83\,€ \approx 16\,€$

199

5. Funktionsgleichung: $y = 25\,000 \cdot 0{,}76 \cdot 0{,}94^{x-1}$
für $x \geq 1$ mit x = Anzahl der Jahre
Nach 3 Jahren hat das Auto einen Restwert von 16 788,40 €, nach 5 Jahren sind es 14 834,23 €. Das Angebot des Händlers ist nicht fair, da der Restwert des Autos deutlich höher als 12 000 € ist.

6. $\overrightarrow{PQ} = \begin{pmatrix} -3 \\ 12 \\ 8 \end{pmatrix}$ $\quad\left|\overrightarrow{PQ}\right| = 14{,}731\text{ km}$

Nach 10 Minuten ist das Flugzeug 147,31 km weit geflogen.
Durchschnittsgeschwindigkeit: $883{,}86\,\frac{\text{km}}{\text{h}}$

7. v: Geschwindigkeit des Schiffes w: Strömungsgeschwindigkeit

$$\left|\begin{array}{l} \frac{35}{60}v + \frac{35}{60}w = 10 \\ v - w = 10 \end{array}\right| \qquad L = \{(13{,}57 \mid 3{,}57)\}$$

Die Schiffe fahren mit $13{,}57\,\frac{\text{km}}{\text{h}}$, die Strömungsgeschwindigkeit ist $3{,}57\,\frac{\text{km}}{\text{h}}$

8. **a)** Die Kultur wächst linear um 17 g pro Tag.
Funktionsgleichung: $f(x) = 15 + 17 \cdot x$ für $x \geq 0$ mit x = Anzahl der Tage
Nach 20 Tagen: 355 g. nach 12 Tagen 219 g.

b) $15 \cdot b^5 = 114 \Rightarrow b \approx 1{,}5$
Funktionsgleichung: $g(x) = 15 \cdot 1{,}5^x$ für $x \geq 0$ mit x = Anzahl der Tage
Nach 10 Tagen: 865 g

c)

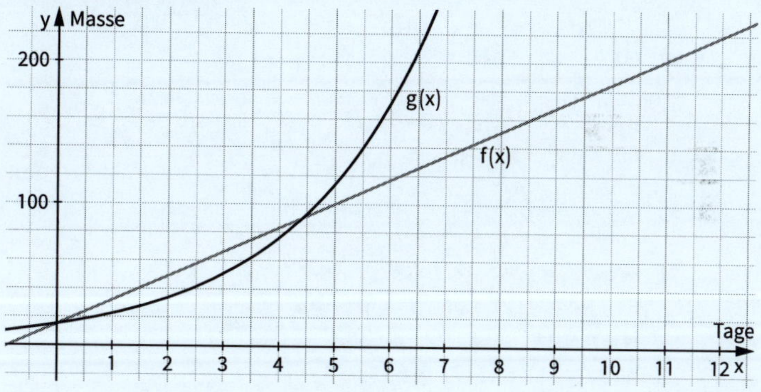

199 **9.** Wertetabelle:

00	01	02	03	04	05	06	07
7503	6977	6842	6613	5842	5361	5091	4949

08	09	10	11	12	13	14
4477	4152	3648	4009	3600	3339	3350

In 14 Jahren nahm die Anzahl der Verkehrstoten um 4 153 ab, im Durchschnitt also um rund 297.

Diesen Verlauf kann man näherungsweise darstellen durch die Gerade $y = 7\,500 - 297x$ mit $0 \le x \le 14$

$7\,500 - 297x \le 3\,000 \Rightarrow x \le 15{,}15 < 16$

Die Prognose, dass die Anzahl der Verkehrstoten im Jahr 2016 unter 3 000 liegen könnte, scheint möglich zu sein.

200 **10.** Verschieben in Richtung der x-Achse

$f(x) = \sin\left(\frac{2\pi}{1{,}8}x\right)$,

für den Plattenteller drehenden DJ:

$g(x) = \sin\left(\frac{2\pi}{1{,}8}\left(x + \left(-\frac{1{,}8}{4}\right)\right)\right)$

$= \sin\left(\frac{2\pi}{1{,}8}x - \frac{\pi}{2}\right)$

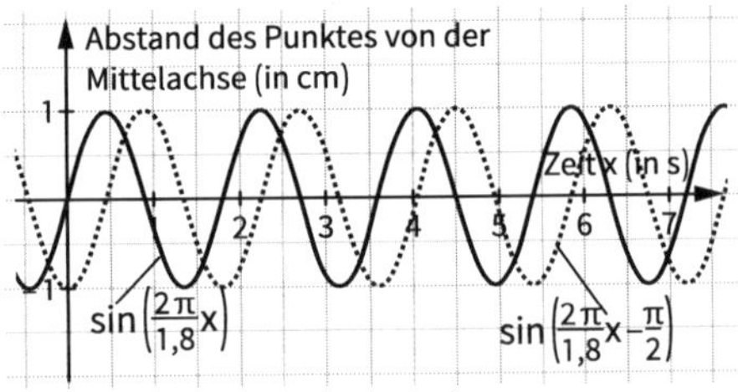

11. a) $\overrightarrow{AB} = \begin{pmatrix} 5 \\ 0 \\ -4 \end{pmatrix}$ $\quad \overrightarrow{AC} = \begin{pmatrix} 0 \\ 4 \\ 5 \end{pmatrix}$ $\quad \overrightarrow{BC} = \begin{pmatrix} -5 \\ 4 \\ 9 \end{pmatrix}$

$|\overrightarrow{AB}| = \sqrt{41} \approx 6{,}4$ $\quad |\overrightarrow{AC}| = \sqrt{41} \approx 6{,}4$ $\quad |\overrightarrow{BC}| = \sqrt{122} \approx 11{,}0$

ABC ist gleichschenklig.

b) $\overrightarrow{OD} = \overrightarrow{OA} + \overrightarrow{BC} = \begin{pmatrix} -2 \\ 11 \\ 10 \end{pmatrix}$ $\quad D(-2\,|\,11\,|\,10)$

c) $\overrightarrow{BA} * \overrightarrow{BC} = |\overrightarrow{BA}| \cdot |\overrightarrow{BC}| \cdot \cos(\beta)$

$61 = \sqrt{41} \cdot \sqrt{122} \cdot \cos(\beta) \Rightarrow \beta \approx 30{,}4°$

$\alpha \approx 119{,}2°$ $\qquad \gamma = \beta \approx 30{,}4°$

d) $A'(3\,|\,7\,|\,-1)$, $B'(8\,|\,7\,|\,3)$, $C'(3\,|\,11\,|\,-6)$

12. a) Anna: $y = 500 \cdot 1{,}02^x$ für $x \ge 0$ mit x = Anzahl der Jahre

Bea: $y = 300 \cdot 1{,}03^x$ für $x \ge 0$ mit x = Anzahl der Jahre

$500 \cdot 1{,}02^x = 300 \cdot 1{,}03^x \Rightarrow x \approx 52{,}36$

Erst nach mehr als 52 Jahren ist Beas Geldanlage größer als die von Anna.

200 **b)**

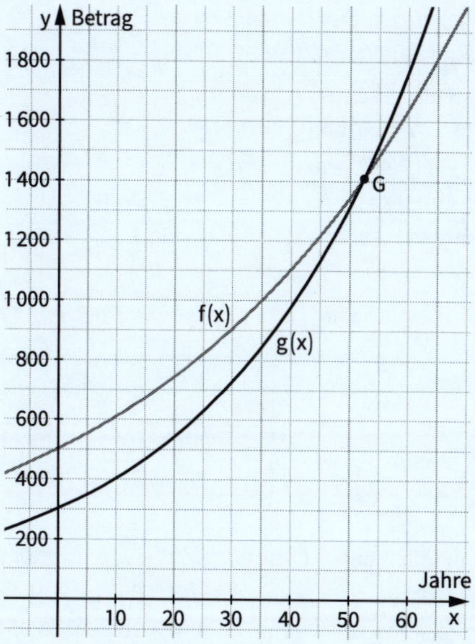

Für $x < 52{,}36$ verläuft der Graph von Beas Guthaben unterhalb des Graphen von Annas Guthaben.
Nach 52,36 Jahren haben die Graphen einen gemeinsamen Punkt G, danach verläuft der Graph von Beas Guthaben oberhalb des Graphen von Annas Guthaben.
Koordinaten G(52,36 | 1410,16)

13. s: Länge der Autoschlange in km v: Geschwindigkeit der Autoschlange in $\frac{km}{h}$

$$\left| \begin{array}{l} s = 200 \cdot \frac{3{,}5}{60} - v \cdot \frac{3{,}5}{60} \\ s = 200 \cdot \frac{2{,}5}{60} + v \cdot \frac{2{,}5}{60} \end{array} \right| \qquad L = \{(9{,}7 \mid 33{,}3)\}$$

Die Autoschlange ist rund 9,7 km lang und bewegt sich mit etwa 33,3 $\frac{km}{h}$.

14.

Kreissektor	rot	rosa	blau	grün	orange	gesamt
Anzahl	1	2	3	4	5	15
Wahrscheinlichkeit	$\frac{1}{15}$	$\frac{2}{15}$	$\frac{3}{15}$	$\frac{4}{15}$	$\frac{5}{15}$	1
Beispiel: Gewinnplan	10 €	5 €	3 €	1,50 €	–	
Auszahlung bei 60 Spielen	40 €	40 €	36 €	24 €	–	140 €

Bei einem Einsatz von beispielsweise 3 € pro Spiel bleiben 40 € für die Klasse als Gewinn.

15. a) $|\vec{v}| = \sqrt{2504} \approx 50{,}0$

Das Boot fährt mit rund 50,0 $\frac{km}{h}$, das sind etwa 27,0 kn

b) P(16 | −4,67 | −0,67)

c) $48 = k \cdot 10 \quad \Rightarrow \quad k = 4{,}8$

$-14 = k \cdot (-3{,}5) \quad \Rightarrow \quad k = 4{,}0$

$-2 = k \cdot (-0{,}5) \quad \Rightarrow \quad k = 4{,}0$

Es gibt kein k, für das gilt: $\vec{v} = k \cdot \overrightarrow{SR}$. Der Punkt R wird nicht passiert.

201 **16.** Kai: $1000 \cdot 1{,}03^4 \approx 1125{,}51$ €

Marie: $1500 \cdot 1{,}03^4 \approx 1688{,}26$ €

Die Differenz der beiden Guthaben betrug zu Beginn 500 €, nach 4 Jahren 562,75 €.
Die Zinsen sind beim höheren Startkapital schneller gewachsen als beim niedrigeren Startkapital, obwohl der Zinssatz gleich war.

201

17. y: Einwohnerzahl x: Anzahl der Jahre

Lineare Abnahme: $y = 20\,000 - 250 \cdot x$

2015 ($x = 5$): $y = 18\,750$

Exponentielle Abnahme: $y = 20\,000 \cdot 0{,}9874^x$

2015 ($x = 5$): $y \approx 18\,771$

Halbierung bei linearer Abnahme: $x = 40$ Jahre

Halbierung bei exponentieller Abnahme: $x = 54{,}7$ Jahre

18.

Anzahl unbrauchbarer Schrauben	Einnahmen in €	Wahrscheinlichkeit	Gewichteter Wert in €
0	17,00	$0{,}95^{20} \approx 0{,}358$	6,086
1	16,00	$20 \cdot 0{,}05 \cdot 0{,}95^{19} \approx 0{,}377$	6,032
2	15,00	$190 \cdot 0{,}05^2 \cdot 0{,}95^{18} \approx 0{,}189$	2,835
mehr als 2	0	$1 - 0{,}358 - 0{,}377 - 0{,}189 = 0{,}076$	0
	Summe	1	14,953

Die benötigten Wahrscheinlichkeiten können mithilfe von Überlegungen an Baumdiagrammen ermittelt werden.

Aus dem Verkauf einer Packung kann eine Einnahme von ca. 14,95 € erwartet werden.

19. v: Geschwindigkeit des Flugzeugs w: Windgeschwindigkeit

$$\left| \begin{array}{l} \frac{5}{3}v - \frac{5}{3}w = 360 \\ \frac{3}{2}v + \frac{3}{2}w = 360 \end{array} \right| \qquad L = \{(228 \mid 12)\}$$

Das Flugzeug fliegt mit $228\,\frac{km}{h}$, die Windgeschwindigkeit beträgt $12\,\frac{km}{h}$

20. a) Stadtwerke: $K = (12 \cdot 7{,}74 + 32\,000 \cdot 0{,}0618) \cdot 1{,}19 = 2463{,}87$ €

b) $12 \cdot 11{,}40 + 0{,}0589 \cdot x < 12 \cdot 7{,}74 + 0{,}0618 \cdot x \Rightarrow x > 15\,144{,}83$

Ab einem Verbrauch von rund 15 145 kWh lohnt sich der Tarif „gas-günstig.online".

c) gas-günstig.online:

$K = (12 \cdot 11{,}40 + 32\,000 \cdot 0{,}0589) \cdot 1{,}19 = 2\,405{,}70$

Gespart wird 58,17 €

d) Bisherige Kosten: 2 800,00 € pro Jahr

gas-günstig.online: 2 405,70 € pro Jahr

Einsparung: 394,30 € pro Jahr

Kosten der Umrüstung: 8 200,00 €

$8\,200{,}00 : 394{,}30 \approx 20{,}8$

Nach 21 Jahren rentiert sich die Umstellung. Da für einen solchen Zeitraum die Entwicklung der Heizungstechnik einerseits, aber auch der Entwicklung der Energiekosten andererseits nicht zu überblicken sind, lohnt sich die Umstellung im Rahmen der gegebenen Bedingungen nicht.

201 **21.**

Auszahlung in €	Wahrscheinlichkeit	erwartete Auszahlung in 1 Spiel in €
1,00	0,4	0,4
2,00	0,3	0,6
3,00	0,2	0,6
4,00	0,1	0,4
Erwartete Auszahlung pro Spiel insgesamt		2,0

Fairer Einsatz pro Spiel: 2,00 €

202 **22. Fehler in der 1. Auflage des Schülerbandes:** Der Satz „Die Raumhöhe beträgt 260 cm, der Hochschrank ist 250 cm hoch und der Hängeschrank hat eine Höhe von 80 cm." muss ersetzt werden durch: „Der Punkt C liegt 210 cm hoch und der Hängeschrank hat eine Höhe von 80 cm."

a) 210 cm – 80 cm – 85 cm = 45 cm

Der Hängeschrank hat einen Abstand von etwa 45 cm zur Arbeitsplatte.

b) Die kursiv gedruckten Koordinaten sind mithilfe der Zeichnung geschätzt. Hier sind also voneinander abweichende Ergebnisse zu erwarten.

A(*95* | 60 | 85); B(*32* | *135* | 130); C(*60* | *218* | 210)

c) $|\overrightarrow{AB}| = \left|\begin{pmatrix} -63 \\ 75 \\ 45 \end{pmatrix}\right| = \sqrt{11\,619} \approx 108\text{ cm}$

23. a) $f(x) = 1{,}5 \cdot \sin(x)$

b) $f(x) = 0{,}5 \cdot \sin(x)$

c) $f(x) = -0{,}5 \cdot \sin(x)$

d) $f(x) = 0{,}75 \cdot \sin(2x)$

24. Dreistellige Zahl: $100a + 10b + c$

a) $\left|\begin{array}{l} a + b + c = 12 \\ 10a + b = 7c \\ a + c = 5b \end{array}\right|$ $\quad L = \{(4|2|6)\}$

Die gesuchte Zahl ist 426.

b) $\left|\begin{array}{l} a + b + c = 15 \\ 2b = 3(a + c) \\ 10b + c = 5(10a + b) \end{array}\right|$ $\quad L = \{(1|9|5)\}$

Die gesuchte Zahl ist 195.

203 **25.** K_n: Kapital nach n Jahren

a) $K_4 = K_0 \cdot 1{,}0275 \cdot 1{,}0305 \cdot 1{,}0335 \cdot 1{,}0365 = 9\,327{,}93 \Rightarrow K_0 = 8\,223{,}86$ €

b) $K_6 = K_4 \cdot 1{,}0395 \cdot 1{,}0425 = 10\,108{,}48$ €

c) Rendite nach 6 Jahren: 1 884,62 €; das sind 22,9 % vom Anfangskapital.

d) 780,55 €; das sind 8,37 % von K_4.

203

26. a) $f(x) = 0{,}25 \cdot x^3$

c) $h(x) = -0{,}25 \cdot x^3$

d) $g(x) = 0{,}25 \cdot (x-2)^3$

b)

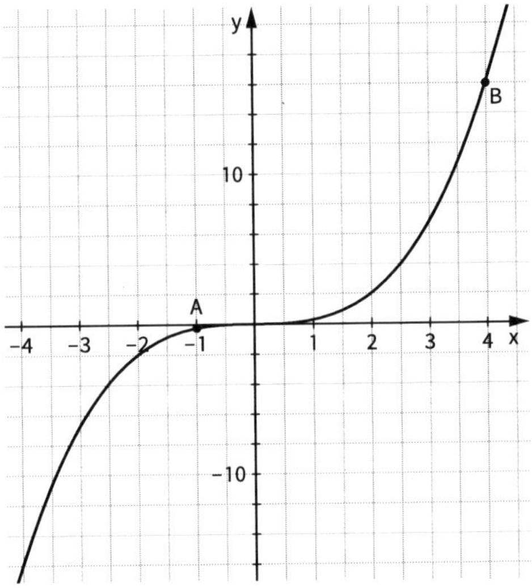

27. a) $\overrightarrow{OE} = \overrightarrow{OA} + \overrightarrow{BF} = \begin{pmatrix} 2 \\ 1 \\ -1 \end{pmatrix} + \begin{pmatrix} -2 \\ 2 \\ 6 \end{pmatrix} = \begin{pmatrix} 0 \\ 3 \\ 5 \end{pmatrix}$, also E(0|3|5)

$\overrightarrow{OG} = \overrightarrow{OC} + \overrightarrow{BF} = \begin{pmatrix} 5 \\ 6 \\ 0 \end{pmatrix} + \begin{pmatrix} -2 \\ 2 \\ 6 \end{pmatrix} = \begin{pmatrix} 3 \\ 8 \\ 6 \end{pmatrix}$, also G(3|8|6)

b) $\overrightarrow{AD} = \begin{pmatrix} -1 \\ 2 \\ 2 \end{pmatrix}$; $\overrightarrow{BC} = \begin{pmatrix} -1 \\ 2 \\ 2 \end{pmatrix}$; $\overrightarrow{AB} = \begin{pmatrix} 4 \\ 3 \\ -1 \end{pmatrix}$; $\overrightarrow{DC} = \begin{pmatrix} 4 \\ 3 \\ -1 \end{pmatrix}$

Damit sind die gegenüberliegenden Seiten parallel und gleich lang, das Viereck ABCD ist ein Parallelogramm.

$\overrightarrow{AB} * \overrightarrow{AD} = -4 + 6 - 2 = 0$, d. h. der Winkel bei A ist ein rechter Winkel. Ein Parallelogramm mit einem rechten Winkel ist ein Rechteck.

c) $A_{ABCD} = A_{EFGH} = |\overrightarrow{AB} \times \overrightarrow{AD}| = \left| \begin{pmatrix} 4 \\ 3 \\ -1 \end{pmatrix} \times \begin{pmatrix} -1 \\ 2 \\ 2 \end{pmatrix} \right| = 3\sqrt{26} \approx 15{,}297$

$A_{ABFE} = A_{DCGH} = |\overrightarrow{AB} \times \overrightarrow{AE}| = \left| \begin{pmatrix} 4 \\ 3 \\ -1 \end{pmatrix} \times \begin{pmatrix} -2 \\ 2 \\ 6 \end{pmatrix} \right| = \sqrt{1\,080} \approx 32{,}863$

$A_{ADHE} = A_{BCGF} = |\overrightarrow{AD} \times \overrightarrow{AE}| = \left| \begin{pmatrix} -1 \\ 2 \\ 2 \end{pmatrix} \times \begin{pmatrix} -2 \\ 2 \\ 6 \end{pmatrix} \right| = 3\sqrt{8} \approx 8{,}485$

Oberflächeninhalt: $A_O = 2 \cdot (3\sqrt{26} + \sqrt{1\,080} + 3\sqrt{8}) \approx 113{,}29$

d) $\overrightarrow{OM}_{ABCD} = \overrightarrow{OA} + \frac{1}{2}\overrightarrow{AC} = \begin{pmatrix} 2 \\ 1 \\ -1 \end{pmatrix} + \begin{pmatrix} 1{,}5 \\ 2{,}5 \\ 0{,}5 \end{pmatrix} = \begin{pmatrix} 3{,}5 \\ 3{,}5 \\ -0{,}5 \end{pmatrix}$, also $M_{ABCD}\left(\frac{7}{2} \middle| \frac{7}{2} \middle| -\frac{1}{2}\right)$

Analog ermittelt man:

$M_{EFGH}\left(\frac{3}{2} \middle| \frac{11}{2} \middle| \frac{11}{2}\right)$ $M_{BCGF}\left(\frac{9}{2} \middle| 6 \middle| 2\right)$ $M_{DCGH}\left(2 \middle| \frac{11}{2} \middle| \frac{7}{2}\right)$

$M_{ADHE}\left(\frac{1}{2} \middle| 3 \middle| 3\right)$ $M_{ABFE}\left(3 \middle| \frac{7}{2} \middle| \frac{3}{2}\right)$

203 **e)**

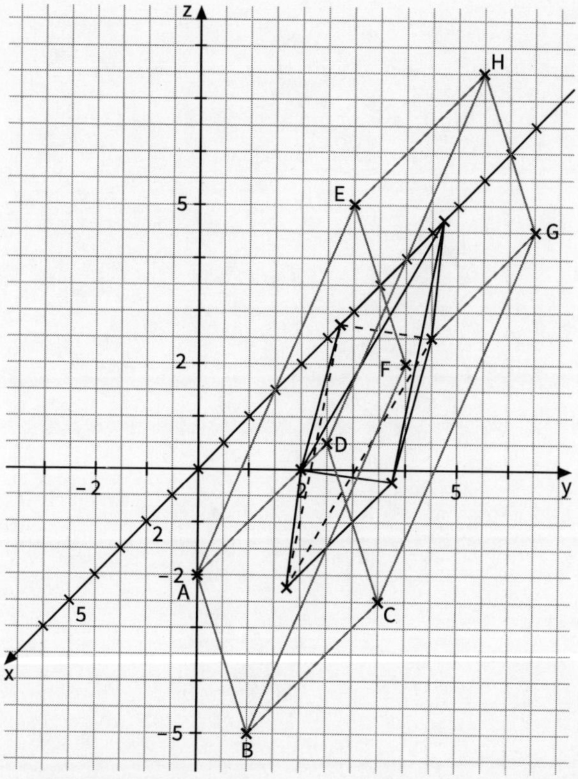

Durch die Verbindung der Seitenmittelpunkte entsteht ein Oktaeder.

28. $\left|\begin{array}{l} 5\alpha + 2\beta + 2\gamma = 450 \\ 2\alpha + 4\beta + \gamma = 360 \\ \alpha + \beta + \gamma = 180 \end{array}\right|$ $L = \{(30|50|100)\}$

Das Dreieck kann man zeichnen. Es hat die Winkel 30°, 50° und 100°.

29. f(x) und (1); g(x) und (5); h(x) und (2); j(x) und (3); k(x) und (4)

30. t: Zeit, die Herr Müller aus Stendal bis zum Treffpunkt unterwegs ist (in h)
s: Entfernung von Stendal bis zum Treffpunkt (in h)

$\left|\begin{array}{l} s = 80t \\ s = -70t + 70 \cdot 0{,}5 + 160 \end{array}\right|$ $t = 1{,}3\,h;\ s = 104\,km$

a) Die Fahrzeuge begegnen sich um 11:18 Uhr.

b) Die Entfernung von Halle beträgt 56 km.